ミサイル防衛
大いなる幻想

編 デービッド・クリーガー／カラー・オン
訳 梅林宏道／黒崎 輝

東西の専門家20人が批判する

ジョゼフ・ロートブラット／リチャード・フォーク／ダグラス・ロウチ／沈丁立／アラ・ヤロシンスカヤ／李三星／アチン・バナイク／梅林宏道／ユージン・キャロル・ジュニア‥‥他

高文研

◆──目次

略語案内	5

日本語版の出版にあたって ……………… 梅林宏道 7
ミサイル防衛をめぐる現状
　　──日本語版に寄せる ……………… デービッド・クリーガー 10
序──理性の復権のために ……………… リチャード・フォーク 15
編者まえがき ……………… デービッド・クリーガー／カラー・オン 19
ミサイル防衛の基礎知識 ……………… 梅林宏道 24
　　✺弾道ミサイル（BM）
　　✺弾道ミサイルの飛行段階
　　✺弾道ミサイル防衛（BMD）
　　✺迎撃ミサイルBMDシステム
　　✺レーザーBMDシステム
　　✺戦域ミサイル防衛（TMD）の日米共同技術研究
　　✺米国における開発進展状況

天空のマジノ線 ……………… デービッド・クリーガー 40
　　✺ロシア及び中国との緊張の高まり
　　✺スターウォーズとその前兆
　　✺天空のマジノ線
　　✺さまざまな国際的視点

なぜ憂慮するのか ……………… ユージン・キャロル・ジュニア 47
　　✺「脅威」への疑問
　　✺「技術」への疑問
　　✺「費用」への疑問
　　✺「核の安定」への疑問

ロシアからの視座 ……………… アラ・ヤロシンスカヤ 52
　　✺「冷たい」戦争から「冷たい」平和へ
　　✺中国との共通の立場

❋プーチン大統領の提案

中国の懸念 ———————————— 沈丁立(シエンデインリ) 58
　❋中国とミサイル不拡散体制
　❋NMDは中国の安全を害する
　❋ＡＢＭ条約の重要性
　❋中国の懸念
　❋中国の懸念への対処
　❋進むべき道

TMD：東アジアの信頼破壊措置 ———— 梅林宏道 68
　❋戦域ミサイル防衛と地域安全保障
　❋日本の政策の自己矛盾

東北アジア非核兵器地帯とミサイル防衛 ——— 李三星(イサムソン) 73
　❋TMDの危険な結果
　❋ミサイル防衛は政治的信頼を破壊する
　❋東北アジア非核兵器地帯

南アジアにもたらすもの ————— アチン・バナイク 79
　❋上向きのラチェット効果
　❋インドの核教義草案
　❋世界的軍縮への被害

インドからの視座 ———— ラジェシュ・M・バスルール 85
　❋懸念の疑わしさ
　❋選択肢の疑わしさ
　❋戦略的不安定
　❋より健全な選択肢
　❋結論

中東における代替策 ——————— バヒフ・ナサル 92
　❋弾道ミサイル防衛配備の代替策
　❋大量破壊兵器のない中東
　❋目の不自由な抑止
　❋五つの検証体制

クワジャリン環礁と新たな軍備競争 …… ニック・マクレラン 100
- ✺クワジャリン環礁のミサイル実験場
- ✺クワジャリンと弾道ミサイル防衛実験
- ✺マーシャル諸島共和国への影響

果たすべきカナダの役割は大きい …… ダグラス・ロウチ 108
- ✺ＡＢＭ条約とＮＭＤ
- ✺核不拡散条約の義務
- ✺国際社会からの米国の孤立
- ✺真の目標は宇宙の軍事的支配
- ✺カナダのジレンマ
- ✺国際的な法規範の堅持

四面楚歌の構想 …… マイケル・ウォレス 116
- ✺偶発的または意図しない攻撃の危険の増大
- ✺ＴＭＤと台湾
- ✺ヨーロッパの視点
- ✺発展途上国の不信と嫌悪

ミサイル防衛のばかげた口実 … ジョセフ・ロートブラット 121

グローバル化と新たな軍備競争
　　　アンドルー・リヒターマン／ジャクリーン・カバッソ 123
- ✺「拡散対抗政策」：核兵器の役割の拡大
- ✺次の軍備競争：宇宙兵器
- ✺誰の未来か？

ミサイル防衛よりもミサイル軍縮 …… ユルゲン・シェフラン 129
- ✺国際的ミサイル管理が必要な理由
- ✺ミサイル軍縮への道
- ✺今こそ行動せよ──ミサイル防衛を時代遅れに

宇宙を平和に …… ブルース・Ｋ・ギャグノン 137
- ✺歴史の分岐点
- ✺米国の宇宙配備レーザー計画

❋宇宙を守る責任
　　　❋宇宙を平和に
ミサイル防衛メンタリティと学校 ………… リーア・ウェルズ 143
　　　❋NMDメンタリティ
　　　❋軽くなる人の命
　　　❋平和創造は学習可能で必須の技能である
非脆弱性のドンキホーテ的探求 ……… デービッド・クリーガー 149
　　　❋高い賭け金
　　　❋非脆弱性は実現不可能な目標
　　　❋安全保障上のリスクに対処する代替手段
　　　❋歴史の分水嶺
さくいん ……………………………………………………… 155

装丁／商業デザインセンター・松田礼一

略語案内

ＡＢＬ：空中配備レーザー（兵器）
ＡＢＭ：対弾道ミサイルシステム
（ＡＢＭ条約：対弾道ミサイルシステム制限条約）
ＡＳＡＴ：対人工衛星兵器
ＢＭセンター：戦闘管理センター
ＢＭＤ：弾道ミサイル防衛
ＢＭＤＯ：弾道ミサイル防衛局
Ｃ２：指揮・統制
ＣＡＶ：共用飛行体
ＣＴＢＴ：包括的核実験禁止条約
ＤｏＤ：（米）国防総省
ＤｏＥ：（米）エネルギー省
ＤＮＤ：（インド）核教義草案
ＤＰＲＫ：朝鮮民主主義人民共和国
ＥＫＶ：大気圏外体当たり弾頭
ＦＭＣＴ：兵器用核分裂物質生産禁止条約
ＧＣＳ：ミサイルとミサイル技術不拡散のためのグローバル管理システム
ＧＰＡＬＳ：限定攻撃に対するグローバル防衛
ＩＡＥＡ：国際原子力機関
ＩＣＢＭ：大陸間弾道ミサイル
ＩＣＪ：国際司法裁判所
ＩＮＦ：中距離核戦力
ＩＲＢＭ：中距離弾道ミサイル
ＩＳＳ：国際宇宙ステーション
ＫＡＤＡ：クワジャリン環礁開発局
ＭＤＡ：ミサイル防衛庁
ＭＩＲＶ：多弾頭個別誘導再突入体
ＭＴＣＲ：ミサイル技術管理レジーム

ＮＡＣ：新アジェンダ連合
ＮＡＴＯ：北大西洋条約機構
ＮＧＯ：非政府組織
ＮＭＤ：国土ミサイル防衛
ＮＮＷＳ：非核兵器国
ＮＯＲＡＤ：北米航空宇宙防衛司令部
ＮＰＲ：（米）核態勢見直し
ＮＰＴ：核不拡散条約
ＮＳＡＢ：（インド）国家安全保障諮問会議
ＮＴＷＤ：海軍戦域防衛、または海上配備型上層システム
ＮＷＣ：核兵器禁止条約
ＮＷＳ：核兵器国
ＰＭＲＦ：太平洋ミサイル発射試験場施設
ＰＴＢＴ：部分的核実験禁止条約
ＰＲＣ：中華人民共和国
ＲＭＩ：マーシャル諸島共和国
ＳＡＬＴ：戦略兵器制限条約
ＳＢＩＲＳ：宇宙配備赤外線衛星
ＳＢＬ：宇宙配備レーザー（兵器）
ＳＤＩ：戦略防衛構想
ＳＯＶ：宇宙作戦飛行体
ＳＴＡＲＴ：戦略兵器削減条約
ＴＨＡＡＤ：戦域高高度地域防衛
ＴＭＤ：戦域ミサイル防衛
ＵＳＡＫＡ／ＫＭＲ：米陸軍クワジャリン環礁／クワジャリン・ミサイル発射試験場
ＷＭＤ：大量破壊兵器
ＺＢＭ：弾道ミサイル・ゼロ

日本語版の出版にあたって

梅林 宏道

ピースデポ代表・専務理事。太平洋軍備撤廃運動（PCDS）国際コーディネーター。中堅国家構想国際運営委員。日本。

　本書は、デービッド・クリーガー、カラー・オン共編の著書『天空のマジノ線――弾道ミサイル防衛に関する国際的視点（A Maginot Line in the Sky - International Perspectives on Ballistic Missile Defense）』（2001年5月、核時代平和財団）の邦訳である。原著の表題は、現在の米国のミサイル防衛計画を第二次世界大戦においてフランスがドイツの進攻を阻止するために構築したマジノ線になぞらえて付けられている。その比喩の詳細は、本書のクリーガー氏のエッセイ（40ページ）に委ねたい。

　原著の出版以来、9.11テロ事件や米国のABM条約脱退と米ロ・モスクワ条約の締結など、節目となる国際政治上の事態が発生した。しかし、今日読み返してみても、ミサイル防衛が人類全体に投げかけた長期的でグローバルな諸問題を理解するうえで、本書の価値はいささかも変わっていないと確信する。ロシアも中国も、ABM条約脱退という米国の単独行動主義、あるいは覇権主義的行動に、今

のところは冷静に対応している。これは、ミサイル防衛に対抗するのに「ミサイル軍縮の論理と方法」を提起している本書にとっては幸いなことである。しかし、米国のミサイル防衛技術の進展と、米国を批判する国際世論の成長や両国の国民世論の流動のなかで、ロシアと中国が、本書に懸念されているようなネガティブな行動にでる可能性は、十分にあると考えなければならない。

　日本語版では、原著出版から2002年9月に至る情勢のアップデートのために、クリーガー氏の特別寄稿「ミサイル防衛をめぐる現状」（10ページ）を追加した。また、本書の理解を助けるために、ミサイル防衛に関する技術的な基礎知識を私自身が執筆し、巻頭に置いた。その際、米国におけるミサイル迎撃テストなど、最近の技術的進展についても分かるように心がけた。

　本書の大きな特徴の1つは、その適切な執筆者の陣容である。編者のほかに、米国からは、国際法の重鎮リチャード・フォークと軍人の論客ユージン・キャロル・ジュニアが書いている。軍縮の専門家としてノーベル平和賞受賞者ジョセフ・ロートブラットやドイツの科学者ユルゲン・シェフランが、歴史を踏まえたエッセイを寄せている。そして、ロシア、中国、インド、エジプト、韓国、マーシャル諸島など、ミサイル防衛を論じる上で欠かせない地域から、極めて適切な執筆者が登場している。また、運動家からは宇宙軍拡にたちむかうブルース・K・ギャグノン、米国のグローバル支配に関心を寄せるジャクリーン・カバッソなどが執筆している。これらの、執筆陣を得て、本書は原著の副題の通り、ミサイル防衛についてグローバルな視点を獲得する、極めて適切な一冊になっている。

　違った視点から同じ話題を取りあげる可能性がある本書の特色を

日本語版の出版にあたって

生かすために、主要な話題についての索引を作成して巻末にのせた。きっと、読者の役に立つことと思う。なお、一部のエッセイの標題は、日本の読者に分かりやすいように、訳者がつけ直した。

　本書の翻訳は、黒崎が最初の翻訳を行い、それを梅林と黒崎が重ねて改訂する共同作業によって行われた。2人は、全体責任を分かち合っている。ピースデポの本として出版されるにあたり、川崎哲事務局長をはじめ、事務所の方々の協力を得た。また、高文研の梅田正己さん、山本邦彦さんには、きわどいスケジュールの中で、最後までていねいな編集協力をいただいた。心からお礼を申し上げたい。

（2002年10月1日）

ミサイル防衛をめぐる現状
―― 日本語版に寄せる

デービッド・クリーガー

核時代平和財団会長。USA。

　このたび『天空のマジノ線（原題）』の日本語版が出版される運びとなったことを、私は非常にうれしく思っています。ミサイル防衛の開発は、日本国民が慎重に検討し、議論しなければならない問題です。なぜなら、それは日本の安全に多大な影響を及ぼすからです。米国が国家ミサイル防衛システムを開発すれば、確実に中国は自国の核軍備を増強するでしょう。そして、中国の攻撃能力が増大すれば、インドとパキスタンもまた自国の核軍備を増強しそうに思われます。

　日本が米国のパートナーとして地域ミサイル防衛システムに加わることは、日中関係、ならびに地域内の他の諸関係に対して意味を持ちます。中国は日本を、中国の抑止能力を掘り崩そうとする米国の共犯者とみなしそうです。このことは、緊張を高め、地域的脅威を増大させるでしょう。それよりずっと望ましいのは、完全核軍縮を達成するという核不拡散条約の義務を果たすための足がかりとして、日本が中国を含む地域のパートナーたちと東北アジア非核兵器

地帯を設立することです。このアプローチは、当然のことながら日本国民が核兵器に対して抱いている根の深い反感と、はるかによく合致しているように思われます。

　本書の英語版が2001年5月に出版されてから、たくさんのことが起こりました。米国は9月11日に起きたよく統率されたテロ攻撃の標的となり、対テロ戦争を開始しました。この戦争における最初の標的は、アフガニスタンにおけるアルカイダ・ネットワークとタリバン政権でした。2001年12月13日、ブッシュはロシア及び他の旧ソ連邦諸国に対し、米国が対弾道ミサイルシステム（ABM）制限条約から脱退する旨を正式に通知しました。6か月後の2002年6月13日、脱退は効力を発しました。現在、ブッシュは、連邦議会の承認なしに同条約から脱退する一方的な権限を持ってはいないことを理由として、連邦裁判所において数名の連邦議会議員から異議申し立てを受けています。

　2002年1月には、新しい米国の「核態勢見直し」（NPR）が連邦議会に提出されました。それは秘密文書です。しかし、漏洩によって、同文書が、より小さな、より使いやすい核兵器の開発や、7か国に対して核兵器を使用する有事計画の練り上げを求めていることが明らかになっています。そのうち5か国は、非核保有国（イラク、イラン、北朝鮮、シリア、リビア）であり、2か国は核兵器国（ロシア、中国）です。NPRはまた、米国が核実験の再開を決定してからそうするまでの時間枠の短縮を求めています。NPRは次のような全体的な印象を与えるものです。すなわち、米国は2000年の核不拡散条約再検討会議で「あらゆる核兵器を廃絶するとの明確な約束」を行ったにもかかわらず、自国の安全保障を期限無く核兵器に依存

するつもりである、と。

　2002年、米国とロシアは両国の核軍備の削減に関する協定を結びました。戦略攻撃兵器削減条約（ＳＯＲＴ、モスクワ条約）は、2002年5月24日、ブッシュとプーチンによって署名されました。両国間で結ばれた同条約は、まだ批准されていませんが、2012年までに「実戦配備された」戦略核兵器を1700から2200発に削減することを求めています。それには実戦配備から取り除かれた兵器の破壊に関する規定がなく、米国はすでにそうした兵器の多くが将来のために貯蔵されることになると表明しています。ロシア側は米国の例にならいそうです。同条約は、最終期日以外に削減の日程表を持たず、その最終期日は、同条約が更新されなければ、その有効期間が満了する日でもあります。また、同条約には査察に関する規定がありません。要するに、同条約は核兵器の一部を実戦配備から取り除きはするものの、より多くの予備の核兵器を生み出すだけです。それは、実際に核軍縮を実現することよりも、核軍縮に対する一般市民の熱意を除くことにより適した条約です。言い換えれば、それは非常に詐欺的な条約です。

　2002年初頭、ブッシュ政権は弾道ミサイル防衛局（ＭＢＤＯ）をミサイル防衛庁（ＭＤＡ）に格上げしました。ＭＤＡは、今後のミサイル防衛実験で使われる標的及び対抗措置に関する情報を、一般市民に提供することはないと表明しています。実験は秘密のベールの背後に後退しつつあります。そのため、一般市民は、実際に現実の攻撃に直面しても、ある程度の確率でミサイル防衛は成功することを実験は示していると軍部が言えば、その言葉を信じるしかなくなるでしょう。すでに米国において、ミサイルの盾はミサイル攻撃

を防ぐことにではなく、一般大衆を関与させないため、彼らに情報がとどくのを妨げることに役立っています。

　ミサイル防衛は、核攻撃の危険に対する技術的解決策を提供しようという試みです。それはありえない夢想であり、資金と科学的専門知識を浪費しています。ミサイル防衛は、第二次世界大戦中、フランスのマジノ線がドイツの侵攻を防止するのに役に立たなかった以上に、米国や日本のために役立ちそうにありません。ドイツがマジノ線を迂回したように、大量破壊兵器を使おうとするテロリストたちは、あっさりとミサイル防衛をくぐり抜け、ミサイルよりもはるかに原始的な運搬手段を使いそうです。より高度な能力を持つ核兵器国の場合は、万一選ぶなら、おとりで混乱させることによって正面からミサイル防衛を通り抜けることができるでしょう。

　人類、そしてあらゆる生命に対する核兵器の脅威に終止符を打つための本当の答えは、たった１つしかありません。それは、核兵器の廃絶です。この道を進むことにはリスクが伴うでしょう。しかし、そのリスクは、ミサイル防衛によって安全を高めようとする一方で、核兵器に安全を託し続けるときのリスクほど大きいものではありません。核兵器廃絶は核不拡散条約の義務であり、国際司法裁判所が1996年に出した勧告的意見の中で述べられているように、国際法の要求なのです。また、良心の命令に対して必要な回答でもあります。核廃絶の必要性は、1945年以来、広島、長崎の被爆者にとっては明白なことであり、両市においては、詩的で力強い言葉によって、繰り返し語られてきました。

　私は、本書が核兵器のない世界を実現するため、ある面では自国政府とも闘っている日本の人々に、有益な情報を提供することを望

んでいます。そして最後に、核兵器廃絶のためのひたむきな努力と、とりわけ本書が日本の人々の手にとどくようにしてくださった献身に対して、私の同僚、梅林宏道氏に感謝の意を表したいと思います。

（2002年9月）

序――理性の復権のために

リチャード・フォーク

プリンストン大学国際法アルバート・G・ミルバンク教授。法学博士。USA。

　もし人間社会が存続するなら、きっと私たちの子孫は冷戦終結後の10年余りを振り返り、次のような問いに対する答えを思索し続けるだろう。それは、いかにして、なぜ、私たちの指導者が核軍縮を実現する歴史的に重要な機会を無駄にしたのか、という問いだ。そんなとき、好機を逸した嘆かわしい失策の最大の責任は米国政府にある、と評価されるのは間違いない。一見したところレミング（欧米大陸の北部に生息するねずみの一種。爆発的な増殖のあと大群で移動して海中に飛び込み溺死することで知られる――訳者註）のように弾道ミサイル防衛に突進する決意ほど、そのような非難を強めるものはないだろう。

　いま現在、ジョージ・W・ブッシュは米国大統領であり、ミサイル防衛の守護聖人ロナルド・レーガンよりも強い決意を持って、このもっとも疑わしい技術の開発を加速させようとしている。何とも奇怪なことである。そのような技術が機能しない理由は、あまりに歴然としており、安全保障や軍備管理問題に高度の知識を持たない

人々でも、長くだまされ続けることはないだろう。私はミサイル防衛計画のある側面に何年も取り組んできた複数の技術者と出会ったが、彼らは熱に浮かされたような開発のペースに当惑させられている。なぜなら彼らは、主張されているような仕方で、すなわち、向かってくるミサイルの脅威に対する信頼できる盾として、ミサイル防衛を機能させる見込みがないことをはっきりと認識しているからだ。そして、それが何とか作動したとしても、同じくらいはっきりした多くの理由で、ミサイル防衛システムの開発と配備は有害な考えだと言える。まず第一に、非常に簡単に、しかも比較的小さな費用でミサイル防衛を打ち破ることができるだろう。ミサイル防衛はきっと世界をよりいっそう危険にし、核の安定の追求を劇的により高価で不確実なものにするだろう。また、ミサイル防衛はもっとも持続している重要な軍備管理の成果の１つである1972年の対弾道ミサイル制限条約（ＡＢＭ条約）を台なしにするだろう（執筆後、2002年６月、ＡＢＭ条約は米国によって一方的に破棄された――訳者註）。ミサイル防衛の配備は同盟国と競争相手国を極度に不安にさせ、おそらく予見できない結果を伴う高価な軍備競争を引き起こすだろう。

　市民として、私たちはいくつかの重要な問いを自らに問わなければならない。とりわけ、なぜ選挙で選ばれた私たちの指導者は常識を無視し、種として生き残ろうとする人間の生物的衝動に反しているようにさえ見える政策に執着するのか。そして、私たちの運命が不必要に危険にさらされているのに、なぜ私たちは民主主義国の市民として無抵抗に傍観するのか。そのような心をかき乱す問いに対する十分に説得力のある唯一つの答えはない。部分的な説明には、「惰性」、「勢い」、「習慣」といった言葉が関係せざるをえない。こ

序——理性の復権のために

れらの言葉は、大規模な集団的拒絶、すなわち、ことが何十億ドルものハイテク兵器システムへの投資に及ぶとなると、指導者の愚行に異議を唱えることから目をそらしてしまうという、埋め込まれた傾向を表す言葉である。おそらく、ここには間違った形の愛国主義が作用している。

　他にもさまざまな考え方が存在している。とりわけ「防衛的」という名の包装でくるまれた戦略兵器を目指すということに、何か悪意がなく、非難する余地がない性質が本質的に備わっていることは否定できない。無辜(むこ)の市民を全滅させたり、自然環境を永遠に荒廃させたりする可能性のある絶え間のない脅威に基づく（相互確証破壊の核抑止論に基づく国防をさしている——訳者註）のではない国防態勢には、確かに本物の魅力がある。

　しかし、その論理を一歩先に進めると、防衛的と感じさせることすら、虚偽広告の悪名高い事例の１つであることが明らかになる。防衛的な盾は、それが機能したり、機能すると思われたりするその分だけ、保有攻撃兵器をよりいっそう強力にし、とりわけ恐ろしいことであるが、それを使えるものにするのだ。結局、それは心理ゲームである。ミサイル防衛は防衛的に機能するとは予測されないのみならず、攻撃的威嚇の抑制を緩め、世界支配を維持する衝動を促す役割を果たすことになる。また、尊敬される専門家ジャン・ロダルが最近示唆したように、弾道ミサイル防衛を受け入れることは「支配の代価」の一部である。それゆえ結局、弾道ミサイルは、ほらなどではなく、どんなにひどい結果を自国と世界にもたらそうとも、世界の権力構造の頂点にとどまりたい衝動というべき、地政学的欲望の表出であろう。

このひねくれた現実のさまざまな側面を理解するために、この計り知れないほど貴重な一連のエッセイほどよい出発点はない。デビド・クリーガーは、核軍備競争の広く尊敬されている批判者として豊かな経験を持っており、ミサイル防衛問題全体を照らし出す多様な視点から問題にアプローチする上で、格別の資格をもっている執筆者たちを結集させた。どちらかといえば、「天空のマジノ線」（本書の原題――訳者註）という比喩は穏やかすぎて、この理性と節度の崖から飛び降りるような狂気の沙汰を、十分に言い表すことができないかもしれない。

　実際に、これらのエッセイを読めば、理性あるものなら誰もが、ミサイル防衛計画が私たちの国家安全保障を脅かし、世界の指導者としての私たちの名声を損なうことになる、との結論に達するはずだと、私は考えている。ヨーロッパの同盟国の指導者はすでに賛成しない意思を公(おおやけ)に表明しているし、非公式にはより強い驚きの感情を表明している。米国市民が統治過程の参加者として真剣に自らの責任を果たすのに、まだ手遅れにはなっていない。もし私たちの孫が引き継ぐ世界のことを心配するのなら、私たちは急いで、私たちと人類の将来を脅やかす、この向こう見ずな計画を挫折させようとするだろう。遅れているが、手遅れではない。

　ビクトル・ユゴー（フランスの詩人・小説家・劇作家。1802－1885――訳者註）の言葉を引けば、「強大な軍隊の足音より大きいのは、やってきた幻想である」。おそらく、それよりさらに大きいのは、幻想という泡を破裂させることができる精神の明晰さである。少なくとも、この小著には、幻想の泡を破裂させる利器を身に付ける助けとなる、精神の明晰さが示されている。

※編者まえがき
デービッド・クリーガー／カラー・オン

　1950年代後半にソ連が最初の大陸間弾道ミサイル（ICBM）を打ち上げて以来、さまざまな形態の弾道ミサイル防衛（BMD）システムが、米国の政策決定者によって繰り返し考えられてきた。ICBMは核兵器や他の大量破壊兵器を運搬し、大洋または大陸によって隔てられた国々の領域に、数分という時間で到達する能力があるが、BMDシステムは、ミサイルをその短い飛行時間の間に撃ち落とすことによって、ミサイル攻撃から守るように設計される。

　ブッシュ政権によって提案されている現在の弾道ミサイル防衛は、「スターウォーズ」として知られるレーガン時代の戦略防衛構想（SDI）の縮小版である。レーガンは、旧ソ連と同程度の軍事力を有する強大な国による大規模なミサイル攻撃から米国を守ることができる、という壮大なビジョンを持っていた。SDIは、地上及び宇宙配備レーザーを含む多くの新技術を組み入れた宇宙配備システムとして提案された。レーガンのビジョンは実現可能ではなかったが、にもかかわらず、それはソ連指導者ミハエル・ゴルバチョフが提案した核兵器廃絶案をつまずかせる障害となった。

　冷戦の終わりに、レーガンのSDIは実現不可能で不必要なものとして捨てられた。しかしながら、レーガンの後継者ジョージ・ブッシュは、BMDシステムの研究開発を支持し続けた。彼は、主に地上配備迎撃体を基礎として、はるかに限定的なミサイル防衛システ

ムを要求した。クリントン政権もまた、主に地上配備システムを想定した。それは、国土全体の防衛とはいえ、いわゆる「ならず者」国家の限定的なミサイル攻撃に対するものであった。クリントン政権下では、国土ミサイル防衛（NMD）の配備スケジュールは主に同システムの実験の失敗のために遅れた。そしてクリントンは、NMDが米国の安全保障全体を強化するか否かの結論に達することができず、2000年9月にNMD配備の決定を彼の後継者の手に委ねた。

　ジョージ・W・ブッシュは、弾道ミサイル防衛の配備を自らの大統領職の主要な目標とした。2001年5月1日の演説において、ブッシュ大統領は「合衆国、我々の配備軍隊、友好国、そして同盟国を守ることができる効果的なミサイル防衛に利用可能なあらゆる技術と配備方式」を検討することを要求した、と発表した。そして、「限定的な脅威に対する初期能力の配備を可能にする」短期的な選択肢を特定したことを明らかにした。同じ演説の中でブッシュ氏は、「30年を経過したＡＢＭ条約の制約を超えて前進する」用意があると述べた。彼は、「この条約は現在を認識しておらず、私たちを将来に向かせない。それは過去の遺物である」と論じた。

　多くの米同盟国は、ブッシュがそれらの国々と協議することを約束したとはいえ、米国がＡＢＭ条約を一方的に破棄する意思を持っていることに対して、深刻な懸念を表明している。ロシアと中国は、さらに強い疑念を表明している。国連事務総長の報道官は、ブッシュ演説の後で次のような声明を発表した。「事務総長は、国際問題における法の支配の尊重を促す上で、とりわけ新たな軍備競争を防止し、大気圏外が非兵器化されている状態を維持するために、現行の軍縮及び不拡散に関する諸協定を強固にし、それらを足場とする必

編者まえがき

要があると信じる。」

　ＢＭＤシステム配備を取り巻く問題は、論争的で複雑である。それには、国土ミサイル防衛と戦域または地域ミサイル防衛の両方が含まれる。それには、単独行動主義と多国間主義に関する問題が含まれる。それには、安全保障と法の支配に関する争点が含まれる。それには、防衛と攻撃の関係が含まれるが、それは誰もが考えるように緊密により合わされた関係である。またそれには、宇宙における軍備競争を含む新たな核軍備競争の開始の可能性という問題が含まれる。さらにそれには、核拡散を引き起こすという問題が含まれる。そして、それには、ミサイルの脅威の信憑性に関する判断や、追求しているミサイル防衛システムが役に立つかどうかに関する判断が含まれる。

　ＢＭＤは不安定な砂上の計画である。2001年5月1日の演説の中でブッシュ大統領は、「ミサイル防衛の最終的な形態を決定するためになすべきことが、私たちにはたくさんある」と述べている。ブッシュがＢＭＤシステムの配備を早急に進めようと望んでいること以外に、確かなことは何もないのだ。合衆国の弾道ミサイル防衛、とりわけＮＭＤの配備計画によって生じる懸念には、次のようなものがある。

- いかなる弾道ミサイル防衛システムが配備されても、現実世界におけるシステムの信頼性には大きな不確実性が残るだろう。配備されたミサイル防衛システムについて、その信頼性を保証するための適切な試験をすることも不可能であろう。
- 弾道ミサイル防衛開発のために雇われていないほとんどの専門家は、ミサイル防衛を打ち破るために、攻撃的ミサイル能力を

改善したりおとりを配備したりすることは、比較的安上がりであると考えている。

- ミサイル防衛は、敵対的な国々やテロ集団が大量破壊兵器を弾道ミサイル以外の手段によって運搬する可能性を完全に防ぐことはできないだろう。小型トラックや船舶、航空機といった手段によって核兵器を運搬することは、弾道ミサイルよりも容易で、追跡することがより困難であると認識されている。

- NMDは、ロシアと中国に敵意を抱かせ、核軍縮の進展を止め、新たな軍備競争の引き金を引くことによって、合衆国の安全を今よりも低下させるだろう。

- 弾道ミサイル防衛の多くの支持者は、世界の安定と核軍備削減の基礎となってきた、1972年のABM条約のような長年継続してきた諸条約を破るか、あるいは破棄するつもりである。もし米国がABM条約を破るか、破棄すれば、ロシアは国益のためにSTART Ⅱ条約と包括的核実験条約（CTBT）から脱退すると言っている（米国はABM条約を一方的に破棄したが、2002年5月の米ロ新条約締結によって、今のところロシアの急激な反発は生まれていない。しかし、ロシア国民の反応など、今後の悪影響が予測される——訳者註）。

- 弾道ミサイル防衛は、核不拡散条約（NPT）の核軍縮に関する交渉を誠実に行う義務や、同条約の2000年再検討会議でなされた「核兵器国は、保有核兵器の完全廃棄を達成するという明確な約束を行う」という公約の履行を損なうだろう。

- 弾道ミサイル防衛の配備は核軍縮競争を宇宙へ移す可能性があり、もう1つ別の国際条約、つまり「宇宙条約」に違反し、天

空の美と神秘を汚すことになろう。
- 合衆国が思い描くような弾道ミサイル防衛は、もっとも悪質な形態の単独行動主義である。弾道ミサイル防衛の配備は、米国の同盟諸国の間に分裂を生むだろう。同盟国の多くは配備を支持していない。
- 弾道ミサイル防衛の配備から最大の利益を得そうなのは、ロッキード・マーチン、ボーイング、レイセオン、ＴＲＷといった米国の国防契約企業である。これらの企業は、1000億ドルかそれ以上と見積もられているＮＭＤへの支出から莫大な利益を得るだろう。弾道ミサイル防衛には安全保障上の潜在的価値はほとんどないので、利益と欲望が弾道ミサイル防衛を促進する動機となっている主要因である、と人は推断するであろう。
- 弾道ミサイル防衛の開発・配備は多くの機会の喪失を意味する。弾道ミサイル防衛への取り組みは、教育、保健衛生、さらには軍人給与の引き上げさえをも含む、他の安全保障や社会的な優先事項から、財政的、科学的資源を大量に流出させることを必要とする。

本書『ミサイル防衛――大いなる幻想』は、提案されている米国の弾道ミサイル防衛計画に関する、さまざまな国籍を持つ18名の寄稿者の見解を集めている。米国が現在計画しているようなミサイル防衛計画を続行すべきか否かについて知的な討論を行う際に、こうした視点は欠くことのできないものである。

（2001年5月）

ミサイル防衛の基礎知識

梅林 宏道

　まず最初に、本書で論じられている米国の「弾道ミサイル防衛（BMD＝Ballistic Missile Defense）」について、技術的な基礎知識を解説しておきたい。

✺弾道ミサイル（BM）

　弾道ミサイルは、ロケット・エンジンで推進され、ロケット燃料が燃え尽きたあとは、基本的には地球の重力と空気力学的な抗力に支配されて慣性飛行し、遠距離にある目標を攻撃する兵器である。放物線に近い軌跡を描く。典型的な弾道ミサイルは、飛行コースの大部分をロケット推力なしで飛行し、また、その飛行コースの多くの部分が大気圏外（宇宙）にある。

　弾道ミサイルと対比されるべきものに、巡航ミサイルがある。巡航ミサイルは、ジェット飛行機と同じように、ジェット・エンジンの推進力と翼が受ける空気力学的な浮力で重力と抗力に打ち勝ちながら飛行する。全飛行コースが大気圏内に留まっている。

　ミサイル防衛の対象となる典型的な弾道ミサイルに、大陸間弾道ミサイル（ICBM）がある。多くは核弾頭を搭載する射程が5500km以上の弾道ミサイルで、文字通り大陸から大陸への核攻撃を可

能にする。地上から発射された後、上昇しながらブースター・ロケット（通常3段階）を切り離し、5分ほどで燃料を燃やし尽くす。大気圏外に飛び出し、真空中を秒速7km（時速約25,000km）に近い高スピードで飛行する。地球を4分の1周する距離（約10,000km）を、30分以内の時間で攻撃できる。大気圏外で弾頭を切り離す。弾頭が大気圏に再突入した段階では秒速900m（時速約3200km）以上のスピードであり、再突入後、数十秒で爆発に至る。

※弾道ミサイルの飛行段階

　ミサイル防衛の議論では、しばしば、弾道ミサイルのどの飛行コースの段階で迎撃するかが問題となる。とりわけ、ブッシュ大統領の構想では、飛行段階別に技術開発を分類している。クリントン大統領が国土ミサイル防衛（NMD）と呼んでいたものは、地上配備型中間飛行（中間コース）段階ミサイル防衛と呼ばれるようになった。以下に通常の分類にしたがって、飛行の3段階を説明しておこう。

　1．ブースト（初期噴射）段階：

　発射に始まり、ロケット・エンジンの発火が止まってミサイルを大気圏から押し出すまでの段階であり、3分から5分の長さをもつ。ミサイルは比較的低速で飛ぶが、終盤にはICBMの場合で、秒速6.7km（時速約24,000km）以上のスピードに達する。

　2．中間飛行（中間コース）段階：

　推進システムが発火を止めてから、ミサイルが目標物に向かって弾道コース上を進んでいる段階。飛行期間のもっとも長い段階であり、ICBMの場合で20分に達する。最初の期間ではミサイルは遠地点に向かって上昇し、その後地球に向かって下降する。弾頭やお

とりはこの段階で射出される。

3．最終段階（再突入段階）：

ミサイル弾頭が大気圏に再突入したときから着弾または爆発までの段階。上述したように、ＩＣＢＭの場合、弾頭が大気圏に再突入した段階では秒速900m（時速約3200km）以上のスピードであり、この段階に要する時間は１分以内である。

※弾道ミサイル防衛（ＢＭＤ）

弾道ミサイルの攻撃から守る軍事的手段としては、発射前に発射台や制御手段を破壊する方法がある。しかし、隠された発射システムや予告のない発射を想定するとこの方法には限界があり、結局、向かってくるミサイルに対する「盾」を開発するしかない。それが、弾道ミサイルを撃ち落とす迎撃網を建設するという、米国が現在追求している弾道ミサイル防衛計画である。信頼できる確率でもって、飛行中のミサイルを撃ち落とす技術は極めて困難であり、巨額の投資をしても成功するとは限らない。

敵のミサイルを撃ち落とす兵器としては、現在のところミサイルを撃ち落とすミサイル（迎撃ミサイル、またはインターセプターと呼ばれる）とレーザー兵器が開発されている。

迎撃ミサイルで敵のミサイルを撃ち落とす場合を考えてみる。単純に考えて、迎撃ミサイルは敵のミサイルに匹敵する高速で飛行しなければ、敵を検出してからの迎撃が困難になる。大気圏外を飛ぶＩＣＢＭの速度は秒速７kmに達するから、ＩＣＢＭの迎撃には秒速７～８kmの迎撃ミサイルが開発される。音速（毎秒0.3km）の20倍の弾丸を、弾丸で撃ち落とすという離れ業に成功しなければならない

のである。射程距離の長いミサイルほど高速で飛ぶから、中距離（1000〜5500km）、短距離（500〜1000km）の場合はミサイルの速度は遅くなり、迎撃技術の困難度は低減する。

※迎撃ミサイルBMDシステム

迎撃ミサイルによるBMDの仕組みを、もう少し詳しく説明しておこう。そのためには、米国防省が行っている包括的なミサイル迎撃実験の一例を説明するのがよいであろう。現実世界よりも単純な設定で実験が行われているとはいえ、BMDシステムの基本要素を含んでいるからである。以下の実験は、2001年7月14日に行われた、中間飛行段階BMDの統合飛行テスト6（IFT-6）と呼ばれるものである。

図1を参照していただきたい。敵のICBMを想定したミサイル（ミニットマンⅡ）が、カリフォルニア州バンデンバーグ空軍基地から発射された。発射後35秒以内に発射時の赤外線がセンサー衛星で検出され、地上通信基地に通知された。その情報を受けて、カリフォルニア州に設置された早期警戒レーダーが、仮想敵ミサイルの姿をとらえ（発射後59秒）、追跡を開始する。敵ミサイルは、3分後にブースターを切り離し、7分30秒後に模擬核弾頭とおとりを射出した。おとりは、核弾頭が迎撃されないように、BMDシステムを騙すためのものであるが、実験では見分けがつきやすく設計された。

これらのミサイル迎撃作戦全体は、コロラド・スプリングス（コロラド州）に設置された戦闘管理（BM）センターで管理された。発射後4分46秒、BMセンターは迎撃の戦闘体制を発令した。早期警戒レーダーからの追跡データを受けながら、追跡はハワイに設置

〈図1〉弾道ミサイル防衛・統合飛行テストIFT-6の模式図

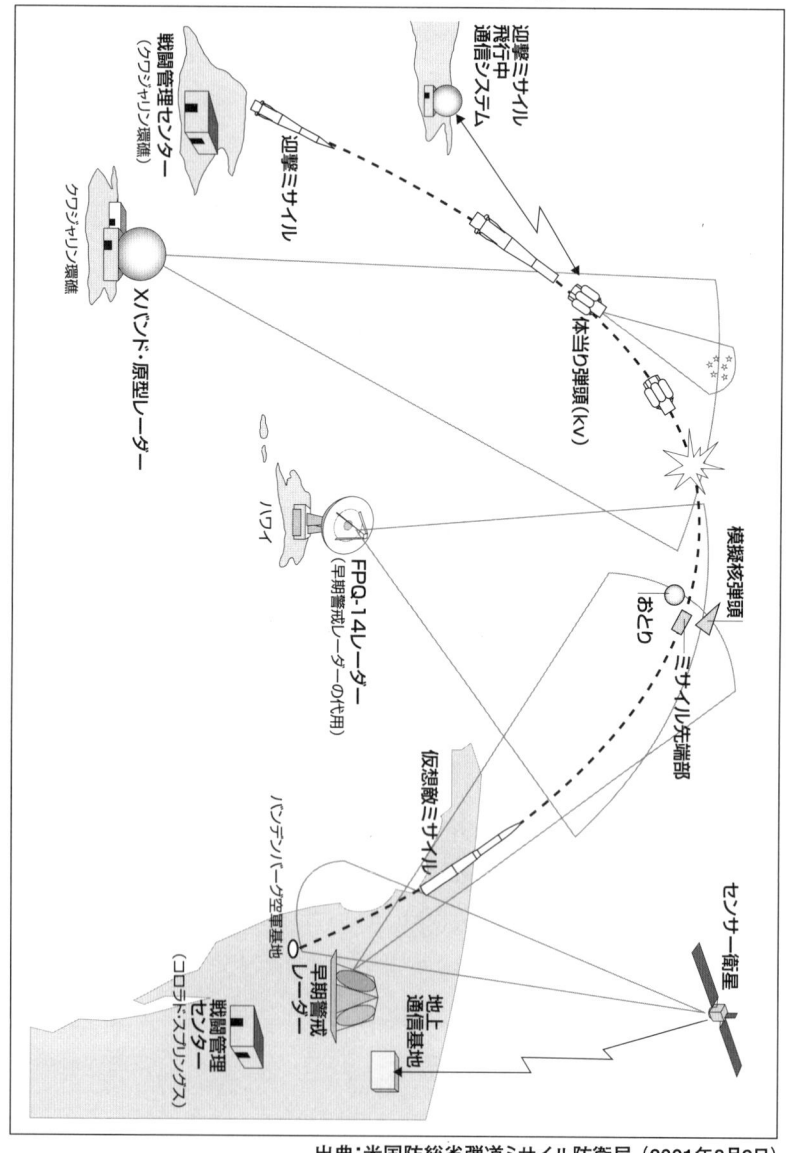

出典：米国防総省弾道ミサイル防衛局（2001年8月9日）

されたFPQ-14レーダーに引き継がれた。この配置は現在の早期警戒レーダーの弱点を補う臨時的な便法である。FPQ-14は、発射後11分38分に敵ミサイルをとらえ、太平洋のクワジャリン環礁（マーシャル諸島）に設置されたXバンド原型レーダーに迎撃態勢を命じた。Xバンド・レーダーは、敵ミサイルの追跡・識別のための高性能レーダーとしてBMDのために開発されているものである。Xバンド原型レーダーは、敵ミサイル発射後16分53秒に弾頭全体を捕捉し、18分28秒に模擬核弾頭をおとりから識別、捕捉した。

情報はクワジャリン環礁に設置された別のBMセンターに送られ、解析され、迎撃ミサイルが発射された（21分34秒）。迎撃ミサイルのブースター（2段階）が切り離され、先端に取り付けられた体当たり弾頭（キル・ビークル＝KV）が射出された（24分11秒）。その後、体当たり弾頭は、内蔵した位置制御装置で自分の位置を確認するとともに、地上の迎撃ミサイル飛行中通信システムから送られる敵の模擬核弾頭の位置に関する最新情報を２度受信して、飛行を制御した。迎撃の２分22秒前に最後の修正情報を得たが、やがて体当たり弾頭に載ったセンサーが、衝突の約１分30秒前に敵弾頭を捕捉した（28分08秒）。最終的に迎撃に成功したのは、敵ミサイルが発射されてから29分42秒であった。

迎撃したときの敵ミサイルの速度は毎秒約7.4km（時速約26,500km）であり、場所は高度約230kmの大気圏外であった。

✳レーザーBMDシステム

レーザー兵器を用いたBMDシステムを簡単に説明する。このシステムでは、敵ミサイルに強力なレーザー・ビームを照射して、そ

の熱エネルギーによって敵ミサイルを制御不能にしたり、破壊したりする。米国は、当面のところ、ブースト段階の中・短距離ミサイルに対して、レーザー兵器の使用を考えている。

図2を見ていただきたい。米国は、空中配備レーザー（ＡＢＬ）と宇宙配備レーザー（ＳＢＬ）を開発している。より開発が進んでいる空中配備レーザーの場合、数機のボーイング747に高出力化学レーザーを搭載して、高度約13,000mでパトロールさせる。衛星が、敵ミサイルの発射を知らせると、最寄りのＡＢＬ機が急行して敵ミサイルを自らのセンサーで捕捉し、レーザー・ビーム照射によって破壊する。

宇宙配備レーザーは、レーザー兵器を地球周回軌道に乗せる。そして、宇宙からブースト段階の敵ミサイルを破壊する。まさに、宇宙での軍備競争、覇権争い、そして宇宙戦争の引き金を引く構想である。

米国は、空中配備レーザーによってミサイルを撃ち落とす最初の実験を、2004年末に計画している。また、将来はＩＣＢＭを含めたＢＭＤに組み込み、国土ミサイル防衛（ＮＭＤ）につなげる構想をもっている。しかし、レーザーＢＭＤは多くの技術的困難を抱えている。高出力レーザーの出力向上の問題、光学系の問題など根本的な装置の改善が続いている。さらには、敵ミサイルの追跡、レーザー・ビーム照射の照準合わせなどの目的に、それぞれ別のレーザーを使用しなければならず、複雑な相互調整からくる諸問題がある。ましてや、巨大で微妙な装置を宇宙に打ち上げ、大電力を維持するＳＢＬに至っては、まだ初期の研究・開発段階であり、技術的な問題はまったく見通しが立っていない。

ミサイル防衛の基礎知識

〈図2〉レーザー兵器による弾道ミサイル防衛

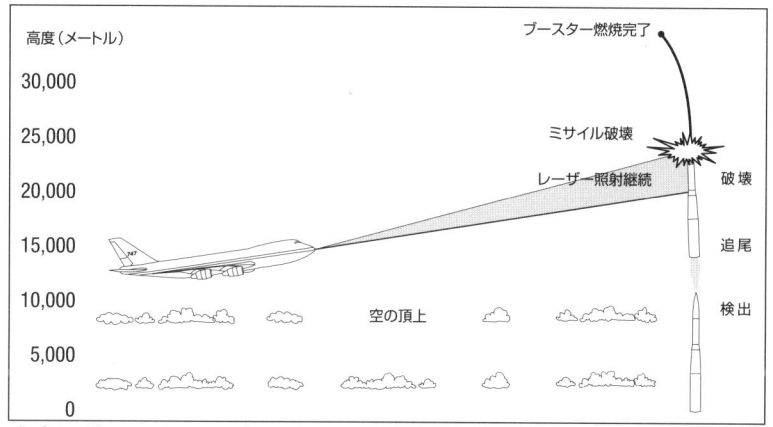

空中配備レーザー兵器（ABL）によるミサイル迎撃　米会計検査院（GAO）報告（1999年3月）

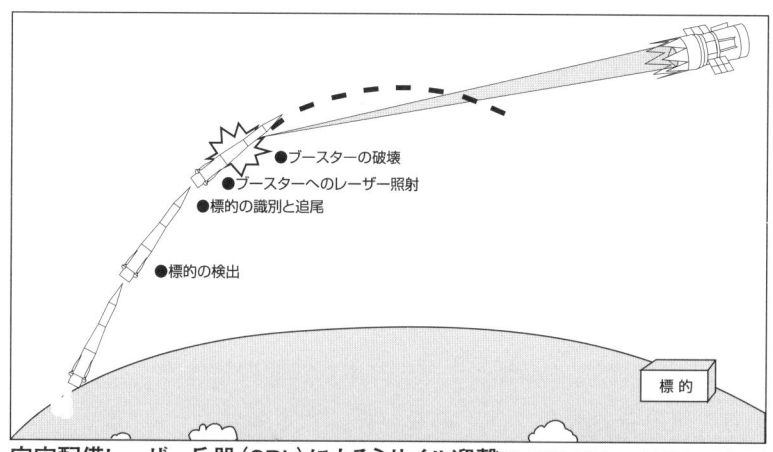

宇宙配備レーザー兵器（SBL）によるミサイル迎撃　米会計検査院（GAO）報告（1999年3月）

※戦域ミサイル防衛（TMD）の日米共同技術研究

　ブッシュ政権が追求しているミサイル防衛は、米国の国土防衛だけではなく、前進配備部隊、海外米軍、同盟国、友好国の防衛を目指すとしている。後者の場合、対象となる弾道ミサイルは、主とし

て中距離、短距離の弾道ミサイルである。これらのミサイルに対するBMDは、しばしば戦域ミサイル防衛（TMD）と呼ばれる。

　日本政府は、朝鮮民主主義人民共和国（北朝鮮）のテポドン発射が引き起こしたショックを利用して、1998年にTMDの日米共同技術研究を開始した。このときの日本政府の正当化理由は、いずれも妥当性を欠くものである。本書のなかで、私はそのことを指摘したので、該当部分（68ページ）を参照していただきたい。ここで、つけ加えておくならば、ブッシュ政権の構想においては、日米共同研究で実現しようとしているシステムも、成功すれば海上配備型の中間飛行段階BMDとして、包括的な全体構造物の一部となる。このことは、後述するフィリップ・コイルの解説で分かるであろう。

　このセクションでは、日米共同技術研究の技術的知識を整理しておく。

　対象としているのは、米国で海軍戦域防衛システム（NTWD）と呼ばれているものの最新型である。日本政府は、海上配備型上層システムと呼ぶが、略語は米国と同じ「NTWD」を使っている。このシステムにおいては、イージス戦闘システム（イージスは、ギリシャ神話の神ゼウスの盾）と呼ばれる高性能のレーダーと戦闘システムを組み合わせたシステムを装備した軍艦（イージス艦と呼ばれる）によって、短距離、中距離の敵ミサイルを検知、追跡し、同じ軍艦に装備した垂直発射管から、改良型スタンダード・ミサイル（3段ロケット）を迎撃ミサイルとして発射する。つまりイージス艦は、もともと軍艦を航空機の攻撃から防衛するための防空システムであるが、戦闘機の最大速度（秒速約700m）の数倍（秒速3〜4km）の短・中距離ミサイルの迎撃用に改良しようというのが、NTWD

〈図3〉海軍戦域防衛（ＮＴＷＤ）に関する日米技術協力の概要

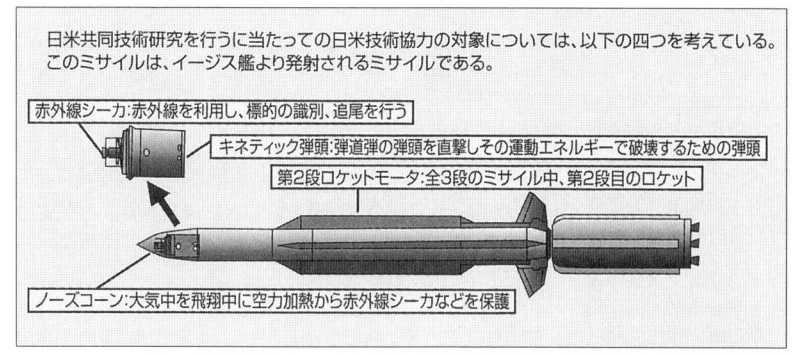

```
日米共同技術研究を行うに当たっての日米技術協力の対象については、以下の四つを考えている。
このミサイルは、イージス艦より発射されるミサイルである。

赤外線シーカ：赤外線を利用し、標的の識別、追尾を行う
キネティック弾頭：弾道弾の弾頭を直撃しその運動エネルギーで破壊するための弾頭
第2段ロケットモータ：全3段のミサイル中、第2段目のロケット
ノーズコーン：大気中を飛翔中に空力加熱から赤外線シーカなどを保護
```

出典：平成14年版『防衛白書』

計画である。しかし、実際には、イージス艦自身で完結したシステムではなく、敵ミサイルの発射情報など周辺システムとの連結が、当然に必要になってくる。

ＮＴＷＤの運用には、日米間のみならず、同種の防衛網に組み込まれる韓国や台湾などとの間における、集団的自衛権の行使の問題がクローズアップされる。

日米共同技術研究における、現時点での日本分担の研究テーマは、図3に掲げられた4項目であると説明されている。すなわち迎撃用に使用される改良型スタンダード・ミサイルの体当たり弾頭（ＫＶ、図のキネティック弾頭）、その赤外線シーカとノーズコーン、そして第2段ロケットのロケット・モーターである。しかし、日米共同研究の覚書は情報公開されておらず、全体像は検証できない。

すでに、99年度に9億6000万円、2000年度に20億5000万円、01年度に37億1000万円を費やし、02年には69億4000万円を計上している。早くも、当初に言われていた最初の5年間に100億円という予測をはるかに超えた金額を使い、計画はさらに拡大、延長されようとしている。

33

※米国における開発進展状況

　BMDに関するブッシュ計画は、すべて予定よりも遅れており、予想されたとおりの技術的障害の大きさを最近の状況は証明している。以下に、2002年4月段階における、BMDの技術開発状況を、クリントン政権時代の国防省作戦テスト・評価部長であったフィリップ・コイルの情報に基づいて要約しておこう（『アームズ・コントロール・トゥディ』2002年5月号）。コイル自身は、クリントン計画の支持者であったわけであるから、彼の行う評価は我田引水のところがあることに注意を払わなければならない。しかし、BMD開発状況の把握に役立つ貴重な情報が多い。

　まず、TMDに関係する諸計画について説明する。ブッシュ計画では、TMDはいずれ、包括的多層的BMDに統合されて行くものである。

1. PAC-3（改良型パトリオット）

　スカッド・ミサイルなどの短距離ミサイルや、敵の航空機、巡航ミサイルに対する、比較的狭い範囲の防衛用の陸上配備システムである。開発面でいえば、もっとも進んだ米国のミサイル防衛システムであり、テストはいまだ完了していないが、少数であれば配備が可能になっている。

　PAC-3の飛行テストは1997年に始まり、02年までに11回の開発飛行テストが実施された。02年2月からは、初期作戦テストが開始され、複数の標的を使っての実験が3回行われたが、それぞれ標的の1つが外れるなど失敗が続いた。2001年末から全面生産開始が計

画されていたが、問題があって予定は遅れている。全システムの配備は、すべての作戦テストの完了後、おそらく2005年あたりになると思われる。さらなる改良型が長距離ミサイルに効果的になるのはおそらく10年以上先のことであろう。

2．THAAD（サード）

THAAD（戦域高高度地域防衛）システムは、短・中距離ミサイルを、最終飛行段階で迎撃するよう設計された陸上配備型のシステムである。THAADは、PAC-3より長距離の脅威に対して、より広い地域を防衛するが、ICBMから米国を防護するために設計されたものではない。

1995年から99年にかけて、11回の開発飛行テストが実施された。迎撃が試みられた8回のうち6回までは失敗であったため、計画は中止されそうになった。99年に2回の飛行迎撃テストが成功したが、その後迎撃テストは行われておらず、新しい高性能ミサイルの開発に焦点が置かれている。計画は2年かそれ以上遅れており、2010年以前に最初のTHAADシステムが配備される可能性はない。

米国の核態勢見直し（NPR）では、2008年までに利用できる可能性があると書かれているが、現在のTHAADの構造ではこうした任務を果たすことは不可能であり、国土ミサイル防衛（NMD）の中での役割を担うのはおそらく10年以上先の話と考えられる。

3．海軍地域防衛（NAWD、NAD）

海軍地域ミサイル防衛は、PAC-3と同等の役割をもった海上配備型であり、前線に配備された海軍の艦艇を、比較的短距離の脅威から防衛するために設計された。ところが、費用及び期限が法律で定められた範囲を超えたため、2001年12月にこの計画は中止され

た。

4．海軍戦域防衛（NTWD、NTW）

THAADが陸上配備であるのに対して、これは現在は、海上配備型の同等物とも言える。しかし、NTWDは、中間コース段階にある中距離ミサイルの迎撃を狙っている。

2002年1月に、海軍戦域防衛計画は最初の飛行迎撃テストを成功裏に行ったが、現実的な作戦テストに備えるためには、さらに1ダースかそれ以上の開発テストが必要とされている。1年前には、2007年春の全面生産開始が予定されていた。その通り行けば、今後10年内にこのシステムが配備される可能性があった。

しかし、ブッシュ政権は計画に新しい要求をつけ加え、ICBMに対処する国土ミサイル防衛（NMD）計画の中の、中間コース部分、さらにはブースト段階での迎撃を可能にする任務を負わせた。このことは、前述したように、日米共同研究に集団的自衛権にからむ重大な意味をもつはずである。

どちらの任務においても、既存のどの仕様のスタンダード・ミサイルよりも2倍も速い新型ミサイルの開発が必要とされるなど、多くの新しい開発を必要としている。そのため、10年内には現実的な作戦テストへの準備が整うとしても、多層的NMDに関する現実的な作戦テストの実施へは、その後さらに数年を要するであろう。

5．空中配備レーザー（ABL）

すでに説明したように、ABLには、TMD計画の中でももっとも技術的に高度な要求がある。最初の計画の目的は短距離の敵ミサイルを打ち落とすことであり、後にブースト段階における戦略ミサイルを破壊するという形で国土ミサイル防衛計画の一端を担うよう

期待されている。

　1年前には、全面生産開始が2008年に予定されていたが、ＡＢＬの飛行迎撃テストはまだ実施されていない。2003年に予定された最初の迎撃テストは、最近、技術的困難を理由に2004年末に延期された。全面生産はおそらく2010年以前に開始されることはなく、1機あたり10億ドルを超える費用がかかると考えられている。また、ＡＢＬには、敵ミサイルを打ち落とす十分なパワーを持つためには比較的敵の領地に接近して飛行しなければならず、機体の防衛など作戦上の大きな課題を抱えている。

　結論として、短・中距離戦術目標を撃ち落とせる能力を持つＡＢＬの配備は今後10年内にはありそうもなく、国土ミサイル防衛の一端を担うのは、さらにその後も長年にわたってありそうもない。

　次に、ブッシュ政権は、国土ミサイル防衛（NMD）という表現をもはや使わないが、米国土を弾道ミサイル攻撃から防衛するという概念としてこの言葉を使うと、ブッシュ構想は多層NMD構想であり、①地上配備型中間コース・システム、②ＴＭＤ諸システムの拡張版（上述したもの）、③宇宙配備システムの三層を考えている。

　しかし、この多層構想のなかで、近い将来に実現性があるのは「地上配備型中間コース・システム」のみである。以下に、このシステムの現状の問題点を要約する。結論的には、10年後、あるいは2008年までに地上配備型中間コース・システムの一部が配備される可能性がある。しかし、おとり対策、カバーできる空域などの点において、極めて限られた能力しか持たないであろう。

1．ＩＦＴ（統合飛行テスト）

ＩＦＴの例は図１（28ページ）に示した。1997年以来、地上配備型中間コース計画は、統合飛行テストを８回実施した。ＩＦＴ-１ならびに２は、標的の情報収集を目的としたもので、続くＩＦＴ-３から８まではすべて飛行迎撃テストであった。2000年１月と７月に行われたＩＦＴ-４、５は迎撃に失敗し、クリントン大統領（当時）がアラスカ・シェマ島へのＸバンド・レーダーの配備を開始しないと決定する要因となった。その１年後に行われたＩＦＴ-６、ならびに2001年12月のＩＦＴ-７は成功であった。ここまでの迎撃実験は図１と同じような模擬弾頭とおとりの風船を使ったものであったが、ＩＦＴ-８（2002年３月15日）ではおとりの風船が２つになった。このテストの成功は、地上配備型中間コース計画にとって重要で画期的な出来事であると、コイルは評価している。

2．ブースター・ロケット

ＩＦＴの成功にもかかわらず、テスト計画にはおよそ２年という大幅な遅れがある。米国がいかに早く国土ミサイル防衛を実戦配備できるかは、テストをいかに成功させていくかのペースによって決定する。ところが、地上配備型中間コース・システムは、テストのペース以外にも困難に直面している。このシステムはテストで代用されているものより強力な新型ブースター・ロケットを必要としているが、その開発がほぼ２年、予定よりも遅れている。

3．追跡と識別

同様に問題とされているのが、このシステムがいかに飛行中における敵ミサイルを追跡するか、そしておとりと標的を識別するか、である。１つのアプローチは、Ｘバンドで動く高出力のレーダーを

使用することである。実際、技術的にＸバンド・レーダーの進歩はミサイル防衛技術において、もっとも成功した開発の１つであるとコイルは評価している。驚くべきことに、ブッシュ政権は、最初の２回の予算請求において、シェマ島でのレーダー建設に予算を要求しなかった。これは、政権が設置をＡＢＭ条約違反であるとの見解をもっているためか、ミサイル防衛庁が船やバージにＸバンド・レーダーを設置する「移動式」Ｘバンド・レーダーの開発を追求しているためであると考えられている。

４．宇宙配備赤外線衛星（ＳＢＩＲＳ）計画

国土ミサイル防衛を支援するものとして、Ｘバンド・レーダーの代わりにＳＢＩＲＳ（スバース）が利用可能であるとの主張もある。高ＳＢＩＲＳと低ＳＢＩＲＳとの２組のセンサー衛星からなるＳＢＩＲＳは、敵の弾道ミサイル発射を探知し、飛行中の追跡・識別に使われる。しかし、この計画も大きな技術的困難に面しており、高ＳＢＲＩＳの全面的配備も、低ＳＢＲＩＳの現実的な作戦テストも１０年以内には見こめないと予想される。

現在、ブッシュ政権はコブラ・デーンと呼ばれるシェマ島に現存するレーダーをアップグレードすることを計画している。計画は、コブラ・デーン・レーダーを、標的識別能力を持つ高度の早期警戒レーダーにするというものである。しかし、コブラ・デーンは、新しいＸバンドで達成されるより８倍も分解能力の弱いＬバンドを使っており、国土ミサイル防衛における有用性は疑問視されている。

（コイルの論文の要約には、一部、ピースデポの中村桂子さんの協力をいただいた。）

天空のマジノ線

デービッド・クリーガー

　敵対的な小国によるミサイル攻撃から合衆国や米軍、同盟国を守ることができる弾道ミサイル防衛システムが、ブッシュ政権によって強力に推し進められている。ブッシュ氏は大統領就任後間もなく、「我々は、ミサイルの脅威、情報戦争、生物・化学・核兵器の脅威など、増大する脅威から米国民と同盟国を守るために努力するであろう」と述べた。本書の大前提は、ブッシュ大統領によって提案されているような弾道ミサイル防衛は米国と世界の安全を高めるよりむしろ低下させるだろう、というものである。弾道ミサイル防衛は、小国の脅威から守られているという幻想を生むだけであり、ロシア及び中国と米国の関係を害し、新たな核軍備競争の危険をもたらすことになろう。米国の同盟国ですら、米国の弾道ミサイル防衛計画に非常に懐疑的である。

　米国において、弾道ミサイル防衛システムの配備に関する論議の多くは、このシステムが機能するか否かをめぐって行われている。これまでのところ、ほとんどの材料は失敗を指し示している。マサテューセッツ工科大学の指導的な安全保障専門家であるセオドア・ポストルとジョージ・ルイスは、次のように論じている。「たとえ現在計画されているNMD実験がすべて文句なしの成功に終わった

としても、私たちは依然として、現実的な条件の下で実験されておらず、現実世界の攻撃に対して成果を上げる望みがない防衛システムを押し付けられることになるだろう」。しかし、このシステムが機能するか否かは重要な問題ではない。このシステムは、たとえ完全に作動したとしても世界を非常に不安定にするので、その配備は望ましくない。

✺ロシア及び中国との緊張の高まり

　ブッシュ政権の目標は、小国のミサイル攻撃に対して将来生じ得る米国の脆弱性（攻撃されやすさ）を低める弾道ミサイル防衛を配備することである。しかし、そうすることによって、ロシアや中国との緊張がいっそう高まるであろう。米国はミサイル防衛の配備がロシアと中国を対象とするものではないことを両国に保証してきたが、両国の指導者は納得していない。2000年7月18日に発表された声明の中で、中ロ両国首脳は以下の通り宣言している。

　　「……ＡＢＭ条約で禁止されたシステムであるＮＭＤを確立しようという米国の計画は、深刻な懸念を引き起こしている。この計画は、本質的に、軍事上及び安全保障上の一方的優位を獲得することを目的としている、と中国とロシアはみなしている。そのような計画は、かりに実行に移されれば、ロシアや中国、その他の国々の安全だけでなく、米国自身の安全と地球規模の戦略的安定にも深刻なマイナスの影響を及ぼすであろう。その意味において、中国とロシアは上記の計画に対し明確な反対の意思を表してきた。」

　ＡＢＭ条約を害することは新たなサイクルの軍備競争を引き起こ

し、その結果として冷戦終結後の世界政治に現れた前向きの潮流を逆転させるであろう。このことは間違いなく、世界のどの国についてもその基本的利益に反するであろう。

　核抑止政策は、50年以上もの間すべての核保有国の核政策の基礎であった。その根底にあるのは、相互確証破壊の可能性である。抑止理論は、潜在的侵略国が報復の恐怖によって核攻撃を仕掛けないように抑えられることにかかっている。1972年のＡＢＭ条約において、米国と旧ソ連は戦略的安定を強化し、両国の攻撃的核軍備競争を緩和する手段として、核攻撃に対する脆弱性の維持という考え方に合意した。ＡＢＭ条約の前文は、「対弾道ミサイルシステムを制限するための効果的な措置は、戦略攻撃兵器の競争を制限するための実質的な要素となり、核兵器を含む戦争の発生の危険を減少させる」との前提をはっきりと述べている。事実、1972年10月にＡＢＭ条約が発効して以来、核軍備はかなり削減されてきた。

※スターウォーズとその前兆

　しかしながら、それから10年余り後の、1983年3月23日、レーガン大統領は新たな弾道ミサイル防衛計画、すなわち戦略防衛構想（ＳＤＩ）の開始を発表した。これは「スターウォーズ」としてよりよく知られており、しばしば嘲りの対象となった。物理学者エドワード・テラーは、スターウォーズの盾はＡＢＭ条約に本質的に備わっている確証脆弱性よりも大きな安全を与えてくれる、とロナルド・レーガンを説得するのを手助けした１人であった。しかしながら、レーガンが提案したスターウォーズの盾には多くの問題があった。それらの中でもっとも重要なのは、費用が高くつき、向かって

くるミサイル攻撃に対する防衛能力は完璧からほど遠く、かりに配備されたとしても、ABM条約を害し、新たな攻撃核軍備競争を引き起こす、というものであった。

　レーガンが1989年に退任し、スターウォーズはあまり野心的でない目標へと方向転換されたが、弾道ミサイル防衛に関する研究は継続された。ジョージ・ブッシュ元大統領の下で、ソ連による大規模な攻撃から守るシステムを目指すよりも、「限定攻撃に対するグローバル防衛」システム（GPALS）に重点は移された。また、クリントン大統領の下では、戦域ミサイル防衛（TMD）と国土ミサイル防衛（NMD）に関する研究が続けられた。米議会は「技術的に可能な限り早急に」NMDシステムを配備することを支持する立場を公式に明らかにした。

　そして、クリントン政権最後の年、3回のミサイル防衛実験のうち2回が失敗に終わったことを受けて、大統領はNMDシステム配備の決定を次期大統領に譲ることを決めた。

　ジョージ・W・ブッシュ大統領はミサイル防衛配備を政権の最優先目標とした。大統領選挙中の2000年5月23日の演説においてブッシュは、「米国は、できるだけ早期に選択できる最善のものに基づいて、効果的なミサイル防衛を構築しなければならない。我々のミサイル防衛は、ならず者国家によるミサイル攻撃や不慮のミサイル発射から全米50州、それに我々の友好国と同盟国、海外に配備された軍隊を守るように計画されなければならない」と述べている。

　これまでのところ私たちの「友好国と同盟国」は、この考えをそれほど支持してはいない。ほとんどの国々は、ミサイル防衛配備に続いて起こりそうな地政学的結果を懸念している。例えば、フラン

ス大統領ジャック・シラクは、「ＮＭＤは世界で軍備競争を再開させるに違いない」との見解を述べている。ドイツ国防相ルドルフ・シャルピンは、米国によるＡＢＭ条約の違反に反対し、「軍備管理の国際的構造が変わらないことが、ヨーロッパ及びドイツの利益である」と主張している。

米国防長官ラムズフェルドは、ＡＢＭ条約を害することにロシア側が抱く懸念を、基本的には無視する態度を示している。彼は次のように主張する。「我々は今日（1972年にＡＢＭ条約が調印されたときとは）異なる世界にいる。ソ連は存在していない。米国が直面している主要な脅威は、ソ連との戦略核の撃ち合いではない。著しく異なる国家安全保障環境において、（ＡＢＭ条約は）ある国、大統領、行政府、国民がその安全保障に資する攻撃的・防衛的能力を形作ることを妨げるべきではない、と私は考える。」（『シカゴ・トリビューン』紙記事よりの引用、2001年1月27日）

ラムズフェルドが示しているように、世界の戦略的安定に対する地政学的帰結を無視して、米国は弾道ミサイル防衛に突き進む決意である。彼の見解は、中ロ両国首脳による共同声明の中や、両国の指導者、安全保障専門家によって数多くの機会に示された悲惨な結果に関する警告をはねつけているように見える。

米国のミサイル防衛配備への固執や、ロシアと中国の反応は、スローモーションの死の舞踏というべき劇的性格を帯びている。ロシアの国家安全保障問題の責任者であるセルゲイ・イワノフ（2000年5月から国防相――訳者註）はこう警告している。「ＡＢＭ条約の破壊は、戦略的安定の構造全体の消滅に終わり、宇宙空間を含む新たな軍備競争が開始される前提を作り出すと、我々は確信している。」

(『ロサンゼルス・タイムズ』紙記事よりの引用、2001年2月5日)

※天空のマジノ線

　弾道ミサイル防衛について考える際に、1929年から1940年の間にフランスが多大な費用をかけて建築したマジノ線を想起することは、教訓を与えてくれるかもしれない。この400マイル（640㎞）に及ぶ防衛線の目的は、フランスの東部国境をドイツの攻撃から守ることにあった。マジノ線は強力な攻撃に耐えるよう構築された最先端の防衛システムであった。フランスの政治・軍事指導者は、フランスを守るための打破不可能な防衛構造を創ったと自信を抱いていた。マジノ線はフランス指導者に強い安全の意識を与えた。けれども、マジノ線がフランスの役に立たなかったことを歴史は明らかにしている。第二次世界大戦の間、ナチスは単純に要塞線を迂回してフランス国内へなだれ込み、すばやくフランスを打ち負かしたのである。

　70年前を振り返ると、マジノ線は愚直で、ばからしくさえ見える。しかし学ぶべき教訓はないだろうか。おそらくそれは、第二次世界大戦前のフランスにおいても、21世紀の米国においても、最強の防衛的要塞でさえ非脆弱性を保証しないだろう、ということである。米国はミサイル防衛配備に突き進み、天空のマジノ線を構築しようと試みている。第二次世界大戦においてフランスのマジノ線が同国の防衛に有効でなかったと同じように、このマジノ線は有効ではなさそうである。

　核時代においては、最強国ですら最弱国による攻撃に対して脆弱である。かりに敵対的な小国またはテロリストが、米国を核・化学・生物兵器で攻撃することを選んだとしたら、そのためにミサイルを

使うことは愚かである。そのような攻撃はトラックや船舶、航空機によって米国に持ち込まれた兵器によるものである見込みが高い。そのような運搬手段に対して、弾道ミサイル防衛システムは何の役にも立たないであろう。天空のマジノ線はまったく価値がない。ミサイル攻撃から守る方法は、ミサイル拡散の国際的管理（ミサイル管理体制）に合意し、核不拡散条約（ＮＰＴ）の法的義務である核軍備の廃棄に早急に取りかかることである。

✳さまざまな国際的視点

　本書は弾道ミサイル防衛システムを配備しようという米国の計画に対する多くの国際的視点を含んでいる。国際的視点を考慮せずに、そのようなシステムを配備すべきか否かについて知性に基づいた決断を下すことはできないと私たちは考える。大きな賭けが行われようとしている。新たな天空のマジノ線に突き進むことは、米国の安全保障のみならず、グローバルな安全保障をも損なうであろう。そのような防衛手段によって生み出される誤った安全意識は、新たな国際対立、新たな核軍備競争、核戦争の可能性の増大といった、誰も望まない結果をもたらすだろう。

なぜ憂慮するのか

ユージン・キャロル・ジュニア

国防情報センター副所長。退役した米海軍少将。USA。

　NMDの必要性をめぐって続く激しい論争は、冷戦時代以来めったに見られなかったほど、世論を分極化させている。相対する見解が、理解や和解ではなく、非和解的で情緒的な拒絶を生みだし、対立がますます耳障りになるなかで、賛否両論が出されている。問題が争点となったとき、啓蒙の光ではなく激しい熱情を生むNMDには何があるのだろう。この問いに対する答えは、NMDの忠実な信奉者と他の手段による核の危険の除去を勧める人々との間の政治的分裂にある。NMDの信奉者は、米国市民はミサイル攻撃に対して防衛する権利があると感情的に主張し、NMDに理性的に反対しようとする試みを即座に拒絶する。NMD反対論者がNMDの必要性や実現可能性を問い質そうものなら、反対論者は中傷され、その愛国心が攻撃されることになる。

　このように、礼儀をわきまえ、事実に基づいた形でNMDを討議できないでいるのは残念なことである。なぜなら、NMDシステム配備の決定は、世界における米国の役割に関して根本的問題を提起

しているからである。それは、私たちと敵対国との関係だけでなく、私たちと親しい同盟国との関係にも関わっている。ロシアと中国がＮＭＤの声高な批判者であるのは、驚きではない。しかし、ドイツやフランス、イギリス、その他の西側諸国もまた、新たな核軍備競争を引き起こす恐れがある計画を続けることが賢明かどうかに疑問を持っている。潜在的な敵国の批判は不思議ではなく、受け流すことができるかもしれない。しかし、私たちは友人からの同様の批判を思慮深く考慮し、重視しなければならない。建設的な決定を導く開かれた議論の必要性は、これまでになく大きい。

例えばＮＭＤ配備の最終的決定は、次の４つの基準に関する注意深い評価を待たねばならない。それは、①真の脅威がなければならない、②その脅威に効果的に対処する技術的手段を持たなければならない、③私たちの対応は財政的に可能でなければならない、④ＮＭＤ配備は、現在及び将来の国際的な安全保障制度の安定に受け入れられないような損害を与えてはいけない、である。この基準それぞれに関して、深刻な疑問がある。

※「脅威」への疑問

脅威に関して言えば、それは今日存在していない。北朝鮮は2005年までに米国に到達する能力を有するミサイルをつくることができるという者もいる。しかし、仮にミサイルとそれに搭載し得る兵器の両方を保有することがあるとしても、それは何年も先のことであるというのが大多数の意見である。それに、米国に対して兵器を運搬するはるかに実現性の高い手段があるとき、北朝鮮であれ、他のいかなる「ならず者国家」であれ、なぜそのような費用のかかる困

難な事業に投資するだろうか。例えば、(ミサイルに搭載できない)核装置は容易に不定期貨物船の船体に溶接され、米国のどの港にも妨害なしに寄港できる。さらに、米国に対して発射されたいかなるミサイルにも、はっきりとした返信住所が書いてあるのであり、必ず米国による大規模な報復が行われるであろう。実際のところ、NMDはもっとも起こりそうにない対米攻撃の手段に対する防衛であって、隠密の、より安価で、より信頼性の高い攻撃手段からは守ってくれないのである。

※「技術」への疑問

1983年以来、NMDには600億ドル以上が費やされたにもかかわらず、今日まで技術面の困難は克服されていない。実験が繰り返されたが、成功より失敗に終わった実験のほうがはるかに多く、成功も限定的であったり、疑念がもたれたりしている。おとり問題は解決されておらず、必要とされる宇宙配備センサー、Xバンド・レーダー、迎撃体、及び指揮・統制施設の複合体は設計も建設もされていない。多くの独立した科学者たちは、たとえシステムができたとしても、初めて必要とされるときに機能するという高い確信を得るために、システムを現実的な形で試験する方法は存在しないだろうと結論づけている。

※「費用」への疑問

費用に関して言えば、ただ1つ実証されてきたことは、費用の見積もりが出されるごとに、それは以前のものよりも高くなってきた、ということである。上に述べたとおり、すでに600億ドル以上も投

じられたにもかかわらず、あと600億、あるいは1200億ドルを費やせば信頼できるＮＭＤが生まれるという保証はない。さらに、私たちが投資するよりずっと低い費用で、ある有能な敵国がＮＭＤに対する効果的な対抗措置を開発しないという確信もない。

✳「核の安定」への疑問

　最後に、もっとも重要な基準、すなわち、現在及び将来の軍備管理制度を守ることによって現在の核均衡の安定を維持する必要性、が未解決のままである。もし、ある防衛システムが、過去30年間にやっと構築してきた軍備管理構造に基づく核の安定を弱めるのなら、それはいったい何の役に立つだろうか。米国はＡＢＭ条約を破棄すると繰り返し脅しをかけているが、それは、相互依存関係にある諸条約からなる包括的軍備管理構造が存在しているという事実を無視するものである。1972年の第一次戦略兵器制限条約（ＳＡＬＴ　Ｉ）は、どちらが欠けてもありえない補完的措置として、ＡＢＭ条約と並行して交渉された。それに続いて、ＳＡＬＴⅡ合意と戦略兵器削減条約（ＳＴＡＲＴ　Ｉ、Ⅱ）が、ＳＡＬＴⅠとＡＢＭ条約の基礎の上に打ち立てられた。この安定化の効果を有する軍備管理構造の存在は、他の国々（もっとも重要なことには中国）によって承認され、それによって他の保有核兵器の増大を抑制し、世界的な核不拡散の努力に寄与したのである。今、ＡＢＭ条約の廃棄によって軍備管理の礎石が引き抜かれてしまえば、世界規模で、とりわけ中国やインド、パキスタンの核計画が存在するデリケートな地域において、核の安定が弱まるだろう。

　同じくらい懸念されるのは、ＮＭＤが間違いなく、いまだに肥大

した保有核兵器の本物の削減を達成するのに不可欠な、将来の軍備管理協定の進展に対する障害となることである。フランス大統領ジャック・シラクは次のように言明して、この問題を指摘した。「強国が自国の核能力を強化するために新たな技術（NMD）を開発しているとき、核軍縮はより困難となるであろう」。大きな危険は、他の国々、とりわけ中国及びロシアが、米国のNMDシステム開発に対応して自国の核能力を強化しようとすることである。

　ありそうにない脅威に対する防衛手段の開発を正当化する政治的努力を行うことで、米国は重大な軍備管理措置を台なしにし、行き着くところ、より大きな本当の核の危険に直面する可能性がある。これが、すべての米国人がNMDシステム配備の決定を大いに心配すべき理由である。そのような決定をすれば、私たちは、たとえすべての国々を核軍備競争の継続と将来の核戦争の危険の高まりにさらすことになっても、存在もしない脅威に対する防衛の幻想を追求しようとしているのだと、世界にシグナルを送ることになるであろう。

ロシアからの視座

アラ・ヤロシンスカヤ

ジャーナリスト。元ボリス・エリツィン大統領軍縮問題顧問。元ロシア下院議員。ロシア。

　過去10年間、私たちは核兵器拡散防止の努力が、まったく停滞した状況を見てきた。ロシアと合衆国の両大統領が署名したにもかかわらず、ＳＴＡＲＴⅡは、いくつかの理由で成功しなかった。その主な理由は、ＮＡＴＯがロシア国境まで拡大する計画の実現を目指し、ソ連消滅後に唯一の超大国となった米国がＮＡＴＯの協力を得てコソボで激しい爆撃を行ったため、共産党の支配的なロシア議会が同条約の批准を望まなかったからである。包括的核実験禁止条約（ＣＴＢＴ）もまた、ロシアにおいて同様の運命をたどった。インドとパキスタンにおける核不拡散に関する状況は多くの問題を残した。核不拡散条約（ＮＰＴ）はまったく機能しておらず、それどころか人類は新たな核軍備の時代へ急速に向かっているという全体像が明らかになっている。

　2000年春のロシア大統領選挙は、この行き詰まり状況に変化をもたらした。新しく選ばれたプーチン大統領は、彼が多数派を獲得した新選出のロシア議会に、ＳＴＡＲＴⅡとＣＴＢＴの批准を要求

ロシアからの視座

する上で的確な言葉と政治的道具を見出した。ロシア大統領は、提案されているSTART Ⅲ合意の下で戦略核兵器を1500発へ削減することも提案した。

　核兵器を禁止し、その廃絶に着手するための特別の国際条約を作成し、署名するという世界的な行動のために、この新たな弾みを利用するすばらしい機会を世界は授かったと考えた者もいただろう。もちろん、これは困難な過程であるが、人類は核兵器問題の新しい解決策を持って第三千年紀に入る極めてまれな好機を授かったのである。だが、不運にも、そうしたことは何も起こらなかった。そして、今日私たちは依然として、なぜ核不拡散努力が再び行き詰まったか、これを前進させるために何ができるか、を分析しなければならない。

　ロシア側から見ると、今日の主な障害は核兵器問題に関する米国の立場である。ロシア議会がSTART ⅡやCTBTに付した付属文書は、核拡散防止の非常に重要な手段であり、他の核保有国や、核兵器開発を計画する国々に対する非常に良い手本でありうるけれども、それらを米議会上院が批准し損なったことを私は言っているのではない。また私は、米ロ両国の戦略核軍備を1500発へ削減するというプーチン氏の提案を、クリントン前大統領が支持しなかったことを想起しているのではない。ただ、これは実に残念なことである。なぜなら、専門家が言うには、ロシア側はより大幅な1000発までの削減を行う用意があるのだから。また私は、核抑止と核不拡散の現過程の礎石である1972年のABM条約（対弾道ミサイルシステム制限条約）について言っているのではない。今日、ABM条約を取り巻く状況こそが、核兵器廃絶に対しての主要な障害なのである。

※「冷たい」戦争から「冷たい」平和へ

　ロシア・米国間の問題の現状は、「冷たい」戦争から平和へ進展し、そして今日「冷たい」平和へともどったと、私は区分する。
　ＡＢＭ条約を修正し、いわゆる国土ミサイル防衛を建設したいという米国政府当局の熱烈な願望に反対するために、ロシアはどうするだろう。ロシア大統領は、以下の「制裁」をはっきりと述べている。
　もし米国がＮＭＤの開発を続行すれば、ロシアはＳＴＡＲＴⅡとＣＴＢＴから脱退するだろう（もちろん、その状況においては、私たちはＳＴＡＲＴⅢについて語ることはできない）。ロシア政府当局は、「問題国家」からの攻撃を防止するための、より安価でより信頼性の高い世界的なミサイル禁止について、世界が交渉することを主張した。しかし、米国は、両国の核軍備を戦略兵器1500発にまで削減するという、ロシア側の提案を２度にわたって支持しなかった。
　核軍縮の進展を妨げる新たな経過を考えるとき、ロシアの最大の隣国である中国のことを忘れることはできない。今日ロシアは経済的に非常に弱いけれども、もし米国がＮＭＤシステムを配備し始めれば、中国とともに核軍備を増強する計画を練り上げることができる。以前、ロシア首相が中国へ行き、軍事同盟を提案したとき、中国政府当局は合意する準備ができていなかった。しかし、今日、この見通しはほとんど確実のように見える。米国のＮＭＤは、中国が独自の核兵器をつくり、設計する新たな動機を与えている（今日、中国は米国にとどくミサイルに載った核兵器を約20発保有している）。

❋中国との共通の立場

　ロシアと同じように、中国は自国領土の安全保障について心配していると考えられる。中国は、米国の対ミサイル・システムが台湾と日本を覆う核の「傘」を提供することを決して許さないであろう。この意味において、中国とロシアはすでに共通の立場を見出しているし、今後も見出すことになろう。

　よりよく理解するために、次のような比較をしてみよう。仮にロシアがアラスカを覆う自国の国土防衛システムを建設したら、米国はどう対応するだろう。さらには、イラクを覆うシステムであったらどうだろうか。

　米国のNMD計画は多くの国々を刺激し、より速いスピードで核軍備の開発、製造、配備へ進ませるであろう。

　2000年9月1日、クリントン前大統領はNMD配備の決定を先送りし、そのようなシステムはもっとも早くて2006年から2007年に配備されるだろうと述べた。これは、クリントン氏が彼の後継者であるブッシュ大統領に難しい決定を譲ったことを意味する。ロシアや他の関係諸国、そして世界は、このどうなるかわからない結果を防止するための時間をいくらかもらったようである。

　ロシアと米国の専門家や評論家の中には、ロシアは最初の重大な国際的勝利を得たのであり、少なくともあと何年かABM条約は生き延びるだろうと述べている。しかし、これが事実かどうか、より注意深く見ていきたい。

　第一に米国側を見てみよう。確かに、クリントン前大統領はNMDシステム配備の延期に合意した。しかしNMDほど米国で知られ

ておらず、ロシアや世界の他の地域ではさらに知られていない他の対ミサイルシステムについて、彼は何も語らなかった。私は（1991年の湾岸戦争のような）紛争地域の米軍を守ることを目的とする、戦域ミサイル防衛（TMD）について言っているのである。米国の戦域防衛計画、すなわち戦域高層地域防衛（THAAD）、改良型パトリオット（PAC-3）、海軍戦域防衛、及び海軍地域防衛は、NMDにとって代わる候補になる可能性がある。これらのシステムは、広範な実験が行われている最中である。パトリオットは2002年に実戦配備される準備が整っているが、もう1つのシステム（THAAD）は2006年から2007年の配備に向けて幅広い実験が行われている最中である。2つの海軍防衛システムの場合も同じである。また、最近のレーザー計画は、早ければ2013年に米国が宇宙から弾道ミサイルを打ち落とすことを可能にするだろう。

専門家にとって、米本土、その領域、同盟国の領域の一部を覆うTMDと、米本土全域を覆うNMDの区別はあいまいである。米国がABM条約を公式に破棄することなくNMDを建設する方法を模索していることは、専門家にとってははっきりしている。しかし実際には、TMDでも、建設されれば結果は同じであろう。

※プーチン大統領の提案

同じ問題に関するロシアの立場はいかなるものか。ロシアの明確な立場の欠如は、2000年夏にプーチン氏が米国に対して非戦略対弾道ミサイル防衛に関して共同作業を提案したことが原因となっている（彼は、この提案を2000年9月にニューヨーク市で開催されたミレニアム・サミットで、クリントン氏と会談した際に確認した）。ロシアは、

ブースト段階で作動する戦域システムに反対していないように見える。ロシアの主な関心は、これらのシステムがＡＢＭ条約に違反しないことにある。

　私の見解では、この提案はロシア大統領側の間違いであった。なぜなら、このロシアの立場は、神聖視されるＡＢＭ条約の堅持について話し合っているように見えるが、地域システムを国土システムへと築き上げる機会を米国に与えるからである。

　プーチン氏は、ロシアが非戦略分野における共通のミサイル防衛に関して共に努力する用意があると示すことによって（彼は後に同じ主張をヨーロッパに対しても行った）、控え目に言っても、対ミサイルシステムという考え方に信頼性を与えてしまった。それはまた、米国に対して核の野心を追求する抜け穴を与えた。プーチン氏の非戦略ミサイル防衛に関する提案のせいで、ロシアは米国のミサイル防衛計画に強い反対の立場を押し出すことができない。そして、あらゆる二国間条約から脱退するとのプーチン大統領の脅しも、貧困の底にあるロシア軍に何の変化ももたらさないことを米国は知っている。しかし、米国側は、ロシアがとるそのような手段の国際的帰結や即座に起こる拡散の脅威を忘れてはならない。

　今日、世界の指導者は、１つの非常に重要な避けられない事実を知らなければならない。エリツィン時代のロシアは終わったということである。プーチンのロシアは、エリツィンのロシアとは違う。いわゆるショック療法や一般市民の全くの窮乏状態、野放図な山賊資本主義の10年間が終わり、ロシアは、すべての人々のために繁栄の道を見出したいと望む大国として自認するようになった。そして核軍縮は、核兵器を永久に廃絶する道への重要な踏み台なのである。

中国の懸念

沈 丁 立（シェン・ディンリ）

復旦大学教授。アメリカ研究センター副所長。大学研究開発委員会副委員長。中国で初めて大学に設置された軍備管理・地域安全保障研究プログラムの創設者の１人で責任者。中国。

※中国とミサイル不拡散体制

　過去10年間、中国はさらにいっそうミサイル拡散が起こりやすい周辺環境にさらされてきた。近隣の重要な諸国家は、膨大な保有ミサイル、重大なミサイル計画、急速に発展するミサイル能力、そして核超大国との同盟関係を有している。このように、ミサイル拡散は明らかに中国の国際環境に影響を及ぼしてきた。

　したがって、中国は国際的なミサイル拡散防止努力への参加を通じて、この問題に対処する一連の措置を講じてきた。中国はミサイルの移転に慎重で、ミサイルと関連技術の輸出に対して厳格で効果的な管理を行ってきた。中国政府はミサイル拡散防止を誓約し、その義務を果たしてきた。

　1992年２月、中国はミサイル技術管理レジーム（ＭＴＣＲ）のガイドラインと規制対象品目枠の遵守を公約した。中米両国はミサイル分野で緊密な対話を行い、1996年10月には共同声明に署名して、

500kgの弾頭を搭載して射程距離300kmに達する性能を備えた地対地ミサイルを輸出しないという中国の約束と義務を再確認した。

　中国はMTCRの形成と修正に参加してこなかったけれども、このレジームに参加する可能性について検討する意向を示してきた。これは、1998年に北京で行われた江沢民・クリントン首脳会談の結果であり、建設的パートナーシップを育もうとする両国の努力を反映していた。中国はMTCRへの参加について、米国による台湾への武器売却、特に米国のTMD開発とこの地域への配備の問題に関して条件をつけた、と理解されている。

　中米両国は、不運にも1999年5月のベオグラードの中国大使館に対するNATOの爆撃の余波で、拡散防止や軍備管理、国際安全保障に関する中米両国の話し合いが停止されるまで、この問題に従事してきた。しかし、軍備管理に関する話し合いは、2000年2月に北京で行われた安全保障協議に続いて2000年7月に開かれるまでは、再開されなかった。

※NMDは中国の安全を害する

　1999年3月17日と18日に、米議会の上院と下院はそれぞれ圧倒的多数で国土ミサイル防衛（NMD）システム法制定を承認し、「NMDの配備は米国の政策である」と述べた。これは多大な反響を世界中で引き起こし、NATOに加盟する米国の同盟国の一部を含め、米以外のすべての核保有国は否定的な反応を示した。

　NMD計画によれば、米国は配備の第一段階において100発の迎撃体をアラスカ州に配備する。4分の1の迎撃率をもつとすれば、米国は最大で同国に向かってくる25発のミサイルを撃墜できる。こ

れは米国を標的として長距離ミサイルを開発しているといわれる「問題国家」の脅威に対抗する能力としては十分以上のものである。計画の後の段階では、全国規模のミサイル防衛を提供するため、米国はさらにキネティック迎撃体をノースダコタ州に配備する。

　米国は、NMD計画において中国は対象にされていないと明言してきた。しかしながら、状況について中国は異なる見方をしており、NMD開発に関する米国側の意図に強い疑念を抱いたままである。中国側から見ると、米国が「問題国家」のみを念頭において600億〜1000億ドルを支出しているという説明は、納得できないのである。

　そのような「問題国家」が保有する弾道ミサイルによる大陸間攻撃能力は、いまだ存在していない。核保有を宣言した5か国を除けば、イスラエル、サウジアラビア、インド、パキスタン、朝鮮民主主義人民共和国（北朝鮮）、そしてイランのみが、現在射程距離1000km以上の中距離ミサイルを保有していると考えられている。これらのうち、インド、パキスタン、北朝鮮、イランの4か国は、射程距離3000km以上の中距離ミサイル開発のために進行中の計画を持っているかもしれない。しかし、そのいずれかが、ここ10年かそこらで大陸間弾道ミサイル能力を取得することは、きわめて考えにくい。米国の中央情報局（CIA）が議会に提出した、海外でのミサイル開発に関する機密の1998年次報告は、北朝鮮が例外かもしれないが、いわゆる「問題国家」の米国に対するICBM脅威が、2010年まで現実化する見込みが低いことを認めている。

※ABM条約の重要性

　現在のところ、ロシアと中国のみが、ICBMに積載した核弾頭

中国の懸念

で米国を攻撃する能力を有している。しかしながら、これは新しい現象ではない。米ロ両国とも数千もの配備された核兵器からなる核軍備を維持してきた。両国の保有核兵器は、質的にも量的にも基本的にほぼ同等の水準にある。1972年に調印されたＡＢＭ条約が、米国と旧ソ連が無制限の戦略核軍備競争を続けることを阻止したのである。

　ＡＢＭ条約は、米国と旧ソ連（その継承国としての現ロシア）が、事故による発射や（あるいは）無認可の発射に備えて、限定的な対戦略弾道ミサイル能力を配備することを容認している。この条約は、戦略的安定に二重の意味で役立ってきた。第１に、事故による発射や無認可の発射による限定的核攻撃について、同条約は限定的な迎撃能力を容認する。第２に、全面核攻撃と反撃について、同条約は米ソ両国に相互破壊を保証する。実際、ＡＢＭ条約は、二大核超大国に戦略攻撃兵器の増強をさらにエスカレートさせることを思いとどまらせるのに役立ってきた。

　ロシアの軍事能力は、進行中の社会と経済の崩壊によって著しく影響を受けている。戦略的攻撃・防衛関係の観点からは、ロシアは三重の圧力の下にある。第１に、ロシアの戦略戦力の相当な部分は老朽化しつつあり、段階的に廃止されなければならない。それ故に、ロシアは米国と二国間で核兵器を大幅に削減することを必要としているが、ＡＢＭ条約の修正という犠牲を払ってまでそうすることは拒否している。ＡＢＭ条約の修正は、力の均衡を米国側に有利に変化させるからである。第２に、ＳＴＡＲＴⅡによって、ロシアの地上配備の多弾頭個別誘導再突入体（ＭＩＲＶ、いわゆる多弾頭ミサイル）は廃棄される。しかし、ＡＢＭ条約破棄という米国の態度の

ために、ロシアはＭＩＲＶ兵器の解体の必要性について再考を迫られている。第３に、ＡＢＭ条約の下で容認されたロシアの限定的ミサイル防衛は、その早期警戒衛星システムのカバー範囲がもはや十分ではなくなったために、機能が劣化している。

　このようなわけで、世界は二重の危険にさらされている。ロシアはミサイルの発射と飛行を完全に追跡することができないので、自国の戦略戦力の警報・即・発射を実行することができない。また、ロシアが同国の核戦力を削減しなければならないときに、その削減を拒むことも、核軍縮に困難を生む。しかしながら、後者の問題は、米国がＡＢＭ条約に違反してミサイル防衛を建設しようとしている結果なのである。

　結果として、米国のＮＭＤ建設は米ロ関係にとって有害である。ロシアは戦略核軍縮の継続にちゅうちょするだろうし、自国の攻撃能力の増強を強いられるかもしれない。そして、米国はＡＢＭ条約を修正または破棄することによって、他の国々の安全に及ぼすマイナスの効果を無視して、絶対的な安全を求めるだろう。

※**中国の懸念**

　中国側から見ると、米国のＮＭＤは中米両国政府の間の戦略的関係をいっそう悪化させるであろう。中国は自国の核能力を公(おおやけ)に透明化していないけれども、13,000kmの射程距離を有し米国に到達する能力を持つＣＳＳ-４　ＩＣＢＭ戦力は、西側の戦略問題の分析家によっておよそ20発ほどであると考えられている。

　主に中国は２つの問題について懸念している。１つは、米国のＮＭＤが世界秩序を不安定化させ、国際関係を悪化させることである。

中国の懸念

　もう1つは、米国のNMDが中国の戦略的抑止を損ない、それ故に中国が自国の戦略報復能力に対して持つ信頼が損なわれることである。

　現行のABM条約によって容認されているような限定的な対弾道ミサイル能力でも、核保有を宣言した国以外からの潜在的なミサイルの脅威から米国の戦略アセット（装備や部隊）を守るのに十分であろう。確かに、ABM条約の枠組みの下で1か所の基地に対弾道ミサイルが配備されても、米国全土を攻撃から守ることはできない（1972年のABM条約の下で、米ソ両国はABM配備を各国の首都を含む地域とその他の一地域に制限し、ついで1974年の議定書〔76年に発効〕で、ABM配備を二地域から一地域へとさらに制限した——訳者註）。これがまさしく、米国に対して信頼できる核抑止力を保持しているとの自信をロシア（及び他の核保有国）に与えてきた理由である。したがって理論的には、米国の一部は「問題国家」からの何らかのミサイルの脅威にさらされるであろう。しかしながら、その脅威は現実から極めて遠いものであるし、核及び通常兵器における米国の圧倒的な軍事力は、潜在的敵国が戦争を仕掛けることを抑止するのに十分に強力であろう。

　また、ロシアが数千の戦略核兵器を自由に使用できることを考慮すれば、米国が思い描いているNMDはロシアの全面核攻撃を阻止することはできない。それ故に中国政府は、米国のNMDは中国の戦略抑止力を事実上無効にすることを意図している、との見方をとらざるを得ない。

　中国が伝えられているような水準の射程距離が十分に長いICBM戦力（CSS-4）を保有しているとすると、ABM条約の修正を

63

必要とするNMD計画は、(仮に宣伝されている通り実行することに成功すれば)中国の戦略能力を2つの面で危うくするだろう。地理的に言えば、NMDによって米国全域は他国の抑止力に影響されなくなるだろう。数的に言えば、1か所に配備された迎撃体でさえ、中国のすべてのＣＳＳ-4を撃墜するのに十分かもしれない。それ故に中国の国家安全保障利益は著しく危険にさらされるのである。

米国に対する抑止力を信頼できるものに保つことは、核時代の長い期間、米国が中国に対して行ってきたことを、中国が小規模にお返ししているにすぎない。実際、中国の核兵器計画を急がせたのは、たび重なる中国に対する米国の核による脅しであった。

米国はもっとも膨大な核軍備ともっとも強力で高度の通常軍備を保有しているけれども、核兵器の第一攻撃（ファースト・ストライク）という選択肢を保持している。いまや米国は、核保有国に対して相互の安全を保証するＡＢＭ条約を修正、あるいは破棄すらするつもりである。

中国は核保有国の中でもっとも小規模な保有核兵器を持つ国の1つであり、またもっとも遅れた通常兵器類を保有している。にもかかわらず、中国は依然として、核兵器の第一不使用（ノー・ファースト・ユース）政策と、非核保有国または非核兵器地帯に対する核兵器不使用政策を採用している。

中国の国家安全保障はＡＢＭ条約の規定に依存している。実際、米国はＡＢＭ条約によって認められるように、核保有国による偶発的攻撃や（あるいは）無認可攻撃に対して一定の安全の意識を得るために、対戦略兵器能力を開発し、配備することができる。にもかかわらず、米国は核保有国すべてにとっての共通の安全保障を考慮

に入れる義務があるのである。米国が弾道ミサイル拡散の時代に自国の安全を高める際には、他の国々の国家安全保障を損なわないように心掛けるべきである。実際、米国が追求できることには、国際的に容認できる限界というものがある。それは、ＡＢＭ条約に則ってＮＭＤ能力を開発することである。

※中国の懸念への対処

　米国は、ＡＢＭ条約で容認されていることを越えて、ＮＭＤを開発、配備する自国の主権を主張できる。しかしながら、もし米国が他の諸国家を無視して進めば、決してすべての国が満足する状況を生み出すことにはならないだろう。それどころか、米国の利益の点からも逆効果を生むだろう。

　米国の一部の人たちは、ＡＢＭ条約の修正が他の諸国家に及ぼすマイナスの安全保障上の影響に無頓着であった。この状況においても、米国は少なくともロシアの懸念については考慮するであろう。一方、ＡＢＭ条約は米国とロシアに関わるので、中国の懸念を検討する必要はないように思われる。

　しかし、米国はＡＢＭ条約が米ロ間の力の均衡を保つものであるとともに、より根本的には世界規模の安全保障の礎石であることを理解しなければならない。後者の意味において、中国の安全はＡＢＭ条約の状況によって影響を受ける。中国はＡＢＭ条約の参加国を拡大することを希望し、同条約を多国間条約とすることに関心を表明してきた。これは、多国間条約に作り直すという賭け金を吊り上げるような効果によって、ＡＢＭ条約を維持することに、中国が関心を持っていることを表している。同条約の締約国となることで、

中国政府は世界の安定を強化する上で、より好ましい戦略的立場に位置することになるであろう。

　米国がロシアや中規模の核保有国の国益を害することに固執するなら、米国が、他方面で核不拡散に関する構想に国際的支持を集めることができるとは思われない。兵器用核分裂物質生産禁止条約（ＦＭＣＴ）はその明らかな一例である。万一米国がＡＢＭ条約を破った場合、中規模の核保有国は、自国の抑止能力が蝕まれていると感じたら、兵器用核分裂物質の生産を再開する権利を保持するという選択肢を放棄しないであろう。

　また、ミサイル防衛を打ち破る手段はほかにもたくさんあることも指摘されなければならない。その中には、子爆弾（ミサイルが攻撃目標に近づいたときに、弾頭から発射される多数の小爆弾——訳者註）や高高度、低高度における対抗措置、気球のおとり、チャフ（電波妨害の金属片——訳者註）やミサイル破片を用いたおとりなど、さまざまな手段がすべて考えられる。多弾頭化や対人工衛星兵器（ＡＳＡＴ）というアプローチもとりうる選択肢である。また、言うまでもないが、ある国家が独自に戦略ミサイル能力を開発できるのなら、高い対費用効果をもってミサイル防衛を打ち破る能力を開発することもできるはずである。

　中国は戦略戦力を近代化しつつあり、中国の脅威が増大しつつあると主張する者もいる。しかし、ＣＳＳ-4戦力と中国の海上配備抑止力を見ると、この結論に達することはほぼありえない。およそ20発のＩＣＢＭからなる地上配備の戦略戦力と、非常に小規模の潜水艦配備ミサイル戦力は、米国の戦力の相手にならない。

　中国は第一不使用（ノー・ファースト・ユース）戦略をとっている

ので、適度の戦力を保持することが中国の利益になる。しかしながら中国は、自国の防衛的政策の上で必要とされるときには、その戦力を近代化しなければならない。同じことを、他のすべての国がやっている。とりわけ精密誘導兵器の時代においてはそうである。20発ほどのミサイルからなるＩＣＢＭ戦力は、米国がＡＢＭ条約を修正したり廃棄したりする理由にならない。それどころか、中国の適度の戦略戦力と適度の近代化は、中米関係における米国の適切な安全と世界の安全を保障する上で、重要な役割を演じる。

※進むべき道

　要約すれば、米国がミサイル拡散に対して持っている懸念は正当なものである。その懸念は中国によっても共有されている。世界の諸大国は、他の国々とともにそのような国際問題に取り組み、国際的安定と各国の国益の両方に役立つ解決策を見出すために協力すべきである。ＡＢＭ条約で規定された線に沿って動くことが、そのような方向への前進である。他方、ＡＢＭ条約と他の国々の利益を損ないながらＮＭＤ配備の方向に進むことは、逆効果を生むだけである。

TMD：東アジアの信頼破壊措置

梅林 宏道

　1998年12月、日本は戦略ミサイル防衛（TMD）の海上配備上層システムである海軍戦域防衛（NTWD）に関する日米共同技術研究の遂行を公式に決定した。そのとき、その決定を正当化するために掲げられたのは、以下の４つの理由であった。①ミサイル防衛はミサイルの脅威に対する唯一の手段である。②NTWDは純粋な防衛システムである。③NTWDは論争を引き起こしている米国のNMDとは無関係であり、ABM条約と矛盾しない。④日米研究協力は日米安全保障関係の信頼性を高める。加えて、反対意見をなだめるために、内閣官房長官は、技術研究は開発や配備を意味しないと強調した。研究段階を越えてそのような段階へ向かうためには、安全保障会議の新たな承認が必要とされるというのである。

　計画では、最初の５年間におよそ100億円が支出される予定である（その後の支出については33ページ参照）。いかなる計画であれ、いったん開始されると、たとえ閣僚が替わっても官僚は計画の継続に努めるのが、日本の官僚主義の特徴である。事実、クリントンがNMD配備に関する決定を延期する発表を行った後、TMD共同研究の継続を急いで米国に念を押したのは日本側であった。2000年９月11日にニューヨークで行われた安全保障協議委員会（SCC）、いわ

ゆる「2プラス2」と呼ばれる最高級閣僚会議では、同研究を着実に継続していくことが確認された。

※戦域ミサイル防衛と地域安全保障

TMD計画を推進する日本政府の主張で欠けている、あるいは意図的に無視されていることは、東北アジア地域と世界の他の地域における平和と安全に及ぼすマイナスの影響である。地域的安全保障が考慮されるとき、上記の4つの正当化理由がまったく誤ったものであることがわかる。

第一に、TMDは、仮想敵国がTMDシステムに対抗する手段や兵器の開発を加速させるため、ミサイル問題の解決にならず、逆に脅威を増大させるだろう。TMDは新たな軍備競争に火をつけるだろう。東アジア諸国間の信頼は、朝鮮半島における雪解けから前向きの弾みを得たものの、TMDを進めることによって損なわれるだろう。事実、2000年7月にバンコクで開催された第7回ASEAN地域フォーラム（ARF）は、中国とロシアがTMD及びNMDに強い反対を示す場となった。朝鮮民主主義人民共和国（北朝鮮）は初めて同フォーラムに参加したが、表面的には沈黙を保った。しかし、ARFでのある二国間会合の場では、北朝鮮は「泥棒が泥棒を捕まえろと言っているようなものだ」（『朝日新聞』2000年7月28日）と述べ、北朝鮮のミサイルの脅威に関する日米両国の主張を率直に批判した。また、東アジアにおけるTMD配備は台湾を巻き込むものであり、台湾の独立支持勢力を勇気づけ、それ故に中国の内政問題に干渉することを意味する。そのために、中国は強い懸念を表明した。

第二に、ＮＴＷＤは純粋に防衛的であるとの考えも、地域的視点の欠落に関係している。状況を公正に言えば、北朝鮮と中国こそ、長い間、日米軍事同盟によって攻撃的戦域（中距離）ミサイルの圧倒的な脅威にさらされてきた。横須賀には、横須賀米海軍基地を母港とする6隻の米軍艦に500基ものトマホーク巡航ミサイルの垂直発射管が装備されている。発射艦の約半数には巡航ミサイルが装填され、ピンポイントの正確さで飛行する準備態勢ができていると考えられる。そのような状況にＴＭＤシステムを追加することは、決して防衛的措置とは見なされないだろう。それは決定的な攻撃的優勢を追い求める行動のように見える。

　第三に、ＮＴＷＤと米国のＮＭＤが緊密に関係するという可能性は、日本が共同研究を正式決定するときにはすでに知られていた。例えば、1997年10月に出された1998会計年度国防認可法に関する米上下両院合同会議報告書の中で、「会議出席者は、海軍上層ＴＭＤシステムの一形態が、ＮＭＤの役割において利用され得ることを示す分析を承知していた」と書かれており、「将来、海軍上層計画を限定的なＮＭＤ能力へ改良し得るか否か、できるとすればいかなる方法か、について説明する報告を、弾道ミサイル防衛局（ＢＭＤＯ、2002年1月にミサイル防衛庁［ＭＤＡ］に格上げ——訳者註）長官に提出する」よう、会議出席者は指示した、とある。その結果作成された報告の公開版は、政策文書でないとはいえ、改良されたＮＴＷＤシステムをＮＭＤシステムに応用する可能性をはっきりと認めるものであった。それは、1999年6月に発表された。つまり、1999年8月に日米両国間で共同研究のための交換公文と了解覚書が結ばれるより十分に以前のことであった。

TMD：東アジアの信頼破壊措置

※日本の政策の自己矛盾

　こうした事実は、日本がTMD研究に参加する理由が欺瞞(ぎまん)的であるだけでなく、日本の核軍縮政策と自己矛盾していることを示している。核軍縮に関する日本の国連総会決議に一貫して盛り込まれてきた要素の1つは、米ソ間のSTART過程を支持し促進することであった。しかし、よく知られているように、このSTART過程は、米ソ両国が結んだABM条約と両立しない米国のNMD政策によって妨害されている。ロシアは、START過程はABM条約が揺るがないという前提の上に合意されたのだと力説している。したがって、ロシア議会下院（ドゥマ）は、START Ⅱを2000年5月に承認するにあたって、1997年のABM条約諸協定を含む議定書の批准手続きが完了したときに、ロシアはSTART Ⅱの批准書を交換するべきである、と決議した。それら議定書は、発効すれば、米国のNMD計画を実現不可能なものにする内容であった。前述の潜在的な関連性があるにもかかわらず、日本はNTWDがABM論争と関連していないと主張した。しかし今日、日本の自己矛盾は明白である。声を大にSTART過程支持を叫ぶ一方で、NMD協力を通じてその過程に障害を作り出しているからである。

　国連ミレニアム・サミットにおいて、河野洋平外相はこう述べた。「私はまた、米国による国土ミサイル防衛配備の決定の延期を評価します。……この発表がNMDをめぐる諸問題に関する議論をさらに深める契機となることを日本は望みます。私は、他の国々が、軍備競争の悪循環を避け、核軍縮に向かう希望に包まれた循環を生み出すような行動をとることによって、この動きに応じることを希望

します」。しかし、この声明のたった2日前、前述の安全保障協議委員会の席上、河野外相はＮＴＷＤ研究に関わる日本の変わらぬ意欲を再確認していた。自分の発言とは裏腹に、河野外相は「核軍縮に向かう希望に包まれた循環を生み出すような行動を」まったくとらなかったのである。

　ＴＭＤに反対する運動を行うためには、同地域の平和運動は地域的視点をとるべきである。日本と韓国のいくつかのグループは、第一歩として東北アジア非核兵器地帯を設立する運動を展開することによって、地域的安全保障協力機構を発展させるための連動した努力を開始している。

　なお、ＴＭＤ日米共同技術研究の技術的な内容については、前述の「ミサイル防衛の基礎知識」(24ページ)を参照していただきたい。

東北アジア非核兵器地帯とミサイル防衛

李 三 星（イ・サムソン）

元韓国カトリック大学教授。国際政治。韓国。

　朝鮮民主主義人民共和国（北朝鮮）の指導者、金正日は、南北朝鮮の関係改善が外の世界との関係を改善する最良の第一歩であると決断した。しかし、朝鮮半島における平和システムの構築を南北朝鮮間の問題の一部として扱うことはできないという、北朝鮮が長年とってきた見方を変えることは難しいと考えているように見える。北朝鮮の軍部主流派にとって、朝鮮半島における平和システムの構築は、根本において米国の対北朝鮮軍事政策の変化を伴う過程でなければならない。しかしながら、米国側にその準備はない。米国は、ミサイル開発を含む北朝鮮の軍事政策に関して、北朝鮮側に変更を求めたいことが山とあるように見える。反対に、米国側に自国の政策を交渉のテーブルに載せることを容認する用意はまったくないように見える。

　もっとも困ったことは、とりわけ地域の軍事的緊張の中心である朝鮮半島において安全保障環境が前向きに変化しているときにさえ、米国がTMDとNMDの建設にいっそう努力すると主張しているこ

とである。米議会予算局の見積もりによれば、ＮＭＤだけで600億ドルを消費する。米国は新たな次元の軍備競争の世界的な推進力としての役割を演じ続けるつもりであり、ロシアや中国、その他の世界の強い反対と警告を無視して、人類の資源を破壊的使用のために吸い込むブラックホールを生み出している。

歴史は、利用できる技術はある時点で軍事兵器システムへ転用されることを示している。技術と殺戮(さつりく)装置がいつか結合することを避けるのはほぼ不可能である。しかしながら、粗悪な政治家によるひどい政治のせいで、未成熟な技術を不完全だが危険な兵器システムへ転用する過程を速めるように人類の貴重な資源の浪費が促され、そうすることによって危険なほどに悪い手本が世界に示されることも、歴史は明らかにしている。

※ＴＭＤの危険な結果

東北アジアの政治及び安全保障との関連で、米国のＴＭＤ・ＮＭＤ計画や、この地域の同盟諸国を最終的には米国主導のミサイル防衛網に統合しようとする計画は、少なくとも２つの点で危険な結果に至るだろう。

第一に、すでに明らかになりつつあることであるが、中国とロシアは、対ミサイル防衛分野において技術的に劣っているために、米国との関係でこれまで以上に弱まる戦略的安定を相殺する手段として、自国の戦略核軍備の増強を強いられることになる。

第二に、ＣＴＢＴとＮＰＴという世界的体制を進展させる努力もまた、深刻な危機に落とし入れられる。これは、とりわけ東アジアにおいて非常に憂慮すべきシナリオを実現させるかもしれない。中

東北アジア非核兵器地帯とミサイル防衛

国が核兵器増強を加速させることは、間違いなく、ミサイルの盾を建設するために日米両国が協力していることによって正当化されるであろう。そして、今度はそれが、日本の政治家や公衆のなかに核武装という陰うつなビジョンを呼び起こすことになろう。

日本における米国の軍事的プレゼンスは、日本の核武装に対する抑制力であると宣伝されている。しかし結局、日本を「自らを守る」ために必要なあらゆる政治的意志と手段を有する強力な「普通の国」にしようとする日本国内の政治的気運を助長、正当化し、最終的に制止できなくなるだろう。とりわけ朝鮮半島の両国民にとって、これは究極の、もっともやっかいな予測である。

そのうえ、この地域におけるＮＭＤ及びＴＭＤに関する米国の考え方は、人類に対する核の脅威は核兵器それ自体を廃絶することなしに効果的に無力化することができる、という幻想を一般市民に与えやすい。この誤った安全意識が助長されることによって、人々の自己中心的な安全保障システムを求める隠れた欲求は満たされるかもしれない。しかし、東北アジアに真の非核兵器地帯を建設する可能性にはマイナスに作用するであろう。ミサイル防衛が、日米両国の政治家の一部が期待するように、中国とロシアの核兵器を心配する理由をなくす役割を果たすことはないであろう。ミサイル防衛は、世界中に非核兵器地帯を創出する努力といった、他の国々と共通の安全保障システムを構築する必要性を意に介さない理由として作用するだろう。

※ミサイル防衛は政治的信頼を破壊する

非核兵器地帯の建設には、当該地域の潜在的な敵対国の間で共通

の安全保障システムを模索する上で好ましい政治環境が必要である。ＴＭＤ及びＮＭＤは、そのような諸国間の政治的信頼のように見えるものを破壊するだろう。米国と日本がミサイル防衛の実現をめざしているとき、「自国の要塞化」というメンタリティ（考え方）から、両国はそうしているのだ。それは、関係諸国間の不信感と緊張を高める。そして、そのような不信感と緊張はさらなる軍備競争の理由として作用し、安定を築く勢力として役立つことは決してないだろう。

さらに悪いことに、繰り返しになるが、予想通り、中国とロシアが否定的に反応し、さらに核軍備を増強すれば、日本の権力中枢は、核武装を含めた他の手段によって、損なわれた安全を埋め合わせる気になるだろう。言い換えれば、ミサイル防衛は、ミサイル防衛計画を正当化し支持するのに十分な誤った安全意識を日本の権力中枢と一般市民に与えるけれども、中国やロシアの核兵器の脅威を完全に忘れさせることは決してできないだろう。この二重性は、「誤った安全意識」に本来備わっている性質の１つであろう。このことは次のことを考慮すれば不思議ではない。すなわち、核兵器を廃絶せずにミサイル防衛を建設するというアイディアは、そもそも強い危険意識の所産であって、核兵器がその意識を作り出した原因であり、したがってその意識は永続化する宿命にあるのである。

米国が主導するミサイル防衛は、一方では南北朝鮮間において、他方では日本と中国の間において、既存の軍事的分断線をより強固にし、同盟システムによるこの地域の政治的分裂を強めるだろう。日本が東アジアにおいて（誤った）安全意識を追求する方法は、米国が自国の安全と優位を地球規模で保証する方法と緊密に関連し、

かつ依存している。米国は、米国との居心地のよい同盟に日本が抱いている満足感を是認し、利用する。そうすることによって米国は、その地域における本来的に危険な既存のシステムに代わる方策を追求する可能性を、アジアの同盟国が考えることもできないようにしている。

※東北アジア非核兵器地帯

このように考察してくると、次のような論理的結論に私たちはたどり着く。それは、東アジアに非核兵器地帯を建設する真の過程には、その地域の米国の同盟国が、米国の軍事力から、そして永久に不完全なままであろうミサイル防衛技術から、自らを解放すると誓約することが必要である、という結論である。このことは逆に、東アジア非核兵器地帯というビジョンの成功が、同地域におけるミサイル防衛の開発を制限する努力を含む信頼醸成措置の展望と分かち難く結合していることを意味している。

しかしながら、そのことは、信頼醸成措置に何らかの進展があって初めて、この地域における非核兵器地帯の建設が追求されなければならないことを意味するのではない。非核兵器地帯というアイディアは、危険で不完全なミサイル防衛システムの建設に代わり得る真の方策として提示されなければならない。それ故に、非核兵器地帯という私たちのビジョンやNMD及びTMDへの反対は、ある意味でコインの両面である。

東アジアに非核兵器地帯を設立する際の明らかな出発点は、その地域の現在の非核保有国、すなわち北朝鮮、韓国、日本、そしてモンゴルの非核化の現状を固定することであろう。

将来起こり得る核による惨事から東北アジアを守るためのイニシアティブは、非核保有3か国内部の努力から生まれなければならないとの考えに、私は完全に同意する。とりわけ、北朝鮮・韓国・日本の間には歴史に深く根ざした広範な不信感があり、私の母国である韓国を含め小国の中には核主権という誤った考えに対する限定的とはいえ無視できない人気があることを考えると、最初に3か国間で信頼を醸成することが不可欠である。この地域の人々があらゆる種類の狭量な核崇拝（ニュークレアイズム）から自らを解放しなければ、私たちが大国の高慢な核崇拝を制御することはできない。

　核兵器の問題に関する限り、私は今もなお、真の主権は一種類しかありえないと信じている。それは、大国、小国を問わず政治権力集団によって流布されている核崇拝という破壊的イデオロギーより上位に立つべき人類全体の主権である。不平等なＮＰＴ体制に代わり得る唯一の存続可能な代案は、すべての国々が核兵器開発を急ぐような、より危険な世界を作り上げることではなく、大国の核崇拝と核兵器そのものを管理し、究極的には廃絶しようとする、より好ましい国際的努力を組織することである。核主権という誤った道に導くイデオロギーは、非現実的であると同時に自己破壊的である。

南アジアにもたらすもの

アチン・バナイク

南アジアの核化に反対する運動の最前線に立ってきたインド人ジャーナリスト。インド核軍縮運動（MIND）の重要人物。インド、デリー。

　インド政府及びその核推進派支配層の目には、ジョージ・ブッシュが米国大統領に選出されたことは、複雑さをもった恩恵のように映っている。一方では、ブッシュ登場によって、インドにCTBT調印を求める圧力がさらに和らぐか、完全に取り除かれることすらありうるであろう。他方、クリントン政権が思い描いていたよりも高度で、かつ包括的なNMDシステムの開発を進めようとする（憂慮すべき）共和党の計画もある。しかし、インド政府にとってCTBTは短期的な心配事であり、NMDは長期的な問題である。したがって、インド政府は用心しつつブッシュ政権を歓迎することになる。とりわけ、もしブッシュ氏が、1998年のインドとパキスタンでの核爆発後に米国が課した、軍事その他の「敏感な」特定の品目の販売に対する現行の制裁措置をさらに緩和するという、共和党の約束を果たした場合にはそうであろう（9.11テロ事件後のアフガン攻撃の前に、米国はこの制裁措置を解除した――訳者註）。

　確かにNMDと、とりわけ極東アジアにおける米国のTMD計画

によって、インドにとって問題は複雑になろうとしている。そのようなミサイル防衛がいつか開発・配備されることに対して、中国が長距離ミサイルの製造の拡大や、ありえることだが、多弾頭化によって対抗することは間違いない。そうした中国の能力の発展は、同時にインドを威嚇・攻撃する能力をも高める、と核保有したインドが考えるのは必至である。

インド政府及びその核武装支持者は、「最小限」が何かを定義していないが、いわゆる「最小限抑止」力の構築を約束している。したがって、中国の核能力強化を想定するということは、論議されている最小限の水準がさらに高められるのは避けられないことを意味している。もちろん、最小限抑止態勢は、軍備競争という政治力学——この場合は中国に対する「信頼できる抑止」をいつか確立するというインドの願望——の虜になっている以上、決して安定的なものではない。

※上向きのラチェット効果

NMD及び東アジアTMD計画の両方を未然に防ぐ何かが起こらないかぎり、中国の核兵器計画が、企画においても実行においても、より高水準へ修正されることは、インドの企画と準備態勢に同様の上向きのラチェット効果(ラチェットは、逆戻りを防ぐ爪をもった、一方向にしか進まぬ歯車装置——訳者註)を持つと予想される。また、より大きな中国の「脅威」に対してインドが準備態勢を整えれば、パキスタンの憂慮は増すことになり、強大化したインドの第一攻撃(ファースト・ストライク)の可能性に応じた核準備態勢にさらに投資することを強いられるだろう。インドが第一不使用(ノー・ファー

ト・ユース）を誓約していても、そうなることは避けられない。米ロ関係の場合（その場合も事態は十分に悪かったが）と異なり、南アジアでは地理的に近い距離にあるせいで、発射された可能性のあるミサイルが国境を越えた標的に当たる前に警報の間違いを技術的に確認するのに十分な時間がないので、早期警戒措置や第一不使用の約束のような政治的保証の類は、ほとんど価値のないものになっている。

　もしNMD・TMD問題のせいで、インドの核武装支持者層の間に、中国の核能力に「追いつく」ことを試みる、終わりのない、また（費やされる資源の観点からも、軍備競争の危険の観点からも）非常に費用のかかる道を歩み始めることについて不確かな状況や疑念が新たに生じたならば、小規模ながら成長しつつある反核・軍縮活動家や南アジア核武装の反対論者が、そのような事態の進展にいっそう悩まされることは間違いない。

　私たちにとって、NMD・TMD計画は3つの重大な問題を提起する。中国、インド、そしてパキスタンへと続く将来の反響効果がその1つである。実際、私たちにとって、それは、インドとパキスタンが公然と核保有国になることを決定した1998年の時点で、それが両国にとってどんなに悲惨な決定であったかを再確認することにほかならない。もっとも良好な状況においても、互いに気を許せない、あるいは敵対的関係にある国家間に安定的な最小限抑止態勢を確立することはできないのみならず、インドと中国の対決であれ、パキスタンとインドの対決であれ、そうした国々が二国間競争とは無関係の技術的な力学にとらわれたとき、問題はいっそう難しくなる。NMD・TMDは、まさにそのような場合である。

☀ インドの核教義草案

　もう1つ別のより具体的な心配事は、インドに関わっている。1999年8月、インド政府は国家安全保障諮問委員会（NSAB）が作成した核教義草案（DND）を公表した。この草案はまだ最終的な承認その他の目的で内閣に提出されてはいない。なぜなら、その内容は、とりわけ5つの公然たる核保有国にとって論争の的になってきたからである。これは風変わりな文書である。この文書は、本来の核教義といったものではなく、核兵器分野におけるインドの意図や野心の記述とインドがめざすべきことに関する希望リストとの、異例な組み合わせである。それは、他のいかなる文書よりも明確に核武装インドの大袈裟な野望を明らかにしたものである。

　それは、いわゆる穏健派と急進派によって構成される核推進派「戦略専門家」集団によって作成された。そのような共同制作文書が決まって行うように、その文書は「急進派」を満足させる以上のテコの支点となるような立場を確立した。「急進派」を満足させることによって、「穏健派」の要求は覆い隠された。将来のインドに排除されたものは何もなかった。インドは配備の3本柱システム（戦略爆撃機、大陸間弾道ミサイル、潜水艦発射弾道ミサイルの3本の運搬手段からなる戦略核兵器システム——訳者註）の構築へ向かうべきであり、「多重重複システム」を保有すべきである。インドの核軍事力は、最終的には**いかなる**国も核兵器で抑止しなければならない（強調は筆者）。その核軍備の規模と性格は（最小限抑止を具体化するものでなければならないが）、固定されることはなく、変化する社会的ニーズや技術進歩、また、感じられる敵、あるいは潜在的な敵の

兵器態勢の変化といった安全保障環境の変化に対応するに十分なほど動的で柔軟でなければならない。宇宙配備システムなどを含む核兵器に関するインドの研究開発能力にいかなる制約も加えてはならない、というのである。

　この核教義があまりに途方もなく無制限で野心的であったために、クリントン政権は、現実主義の名の下にポカラン（98年、インドの核実験が行われた場所——訳者註）後のインドの既成事実を受け入れる用意があったにもかかわらず、この教義は単なる控えめなシステム以上のものを表明していると見なし、非常に批判的であった。米国政府からインド政府に圧力が加えられ、現外相ジャスワント・シンは、核教義草案は単なる討議文書であり、最終的に受け入れられた政府文書はまだできていないと、公（おおやけ）に明言せざるをえなかった。

　インドの核爆弾推進派エリートの一部からも、核教義草案への批判があった。彼らは、これが「責任ある」核保有国になりたいというインドの考えから幾分はずれていると見ていたのである。さらに草案は、そのカバーする範囲の点で米国にとって受け入れられないことは明らかであり、核問題をめぐる米国との関係の修復が絶対に必要なので、草案が必ずしも最終的文書であってはならず、インドの長期計画や長期的準備にたとえ漠然とした指針を設定するものであってもならなかった。もし今、米国がＮＭＤ・ＴＭＤに関する誓約を撤回せず、より包括的な共和党の計画を進めるならば、現インド政府、あるいは将来のインド政府が、この教義草案、またはそれを幾分修正したものを結局のところ公式に支持し、承認する見込みが高まるだけである。

※世界的軍縮への被害

　最後に、ＮＭＤ・ＴＭＤが冷戦後に現れた地球規模の軍縮と抑制に与える損害は明白であり、それはまた修復不可能である。それは、冷戦後の「好機の窓」をかたく閉ざすだろう。これは、南アジアにおける核抑制と地域軍縮を促進する見通しに悪影響を及ぼすに違いない。そして、世界的軍縮と南アジアのそれとは結びついている。もし、ポカランとチャガイ（1998年、パキスタンが核実験を行った場所――訳者註）での核実験から２年たっているのに、インドもパキスタンも公然と核兵器システムを配備していないとするならば、それはある部分、国際的圧力によるものである。

　1980年代半ば以来、公然たる核保有国においてすら、核軍備を削減する動きが続いてきた。ためらい、不確実性、逆戻り、失敗にもかかわらず、ＣＴＢＴ、兵器用核分裂物質生産禁止条約（カットオフ条約）、ＮＰＴ、非核兵器地帯、警戒態勢解除問題といったもろもろの核抑制体制に関して、ある程度重要な前進があった。南アジアの核推進タカ派は、核抑制と軍縮の広範な国際的な展開を注意深く見守っている。なぜなら、その分野での前進や後退によって、彼らの努力の困難さもまた、増大したり減少したりすることを、彼らは知っているからである。

インドからの視座

ラジェシュ・M・バスルール

世界研究センター所長。インド、ムンバイ。

　NMDに対する米国の関心は、次の3つの流れが合流したものである。それは、①大量破壊兵器に対する信頼できる防衛手段の追求、②圧倒的な軍事力を持ちながら、米国が脆弱性について抱いている特異な執着、③新兵器システムの開発から利益を得る立場にある政・官・財の強力な利益連合の存在、の3つである。信念、利益、そして圧倒的な世界的権力の結びつきは抵抗し難いものであり、代替策を提示することを困難にしている。唯一の見込みのあるアプローチは、まず、以下の点を示すことによってNMD計画の基盤にある考え方の欠陥を暴くことである。

- ミサイル防衛の根拠となっているもろもろの懸念は、大部分、現実的でも確かなものでもない。
- そうした懸念が正当であると見なされたとしても、ミサイル防衛という選択肢は、現実的でも信頼できるものでもない。
- ミサイル防衛の世界的反響は深刻な不安定化をもたらしそうである。

- 代替的な選択肢は、実施は困難であるけれども、ミサイル防衛よりも費用がかからず、危険が小さく、それ故に、より現実的で信用できる。

✳懸念の疑わしさ

　NMDを正当とする主な理由は、北朝鮮やイランのような「問題国家」からの新たな脅威の出現であるといわれる。この脆弱性は最近の国防長官年次報告の中で主張されているが、「戦略戦力は、信頼できて非常に価値の高い抑止力を引き続き提供する」（「2001年国防報告」、99ページ）という同じ報告の中で表明されている公式見解と矛盾している。小規模の脅威ですら、「問題国家」にとって抑止力としての価値があると考えられている。より難しい問題は、米国は他の国が保有する比較的小規模の大量破壊兵器によって抑止されうるが、それらの国は米国が保有するより多くの核兵器によって抑止されえないとすれば、米国と他の国々の間には「抑止可能性」に関して根本的違いがあるに違いない、というものである。この違いは一体どこにあるのだろう。それは「合理的思考」にある、と強く暗示するものがいる。この著しく不愉快な見解を裏付ける証拠は示されていないし、実際、示される可能性はない。

　批判者の一部が述べるように、仮にNMDの本当の対象がロシアと中国であるとしても、同じ議論が有効である。それとは別に、両国のいずれかが米国に対する核攻撃を検討する合理的な目的が考えられうるか、という明らかな疑問が生じる。両国は西側とより緊密な経済関係を求めており、西側との相互依存をさらに深める方向へ進んでいる。NMDシステムを正当とする理由は、明日には事態が

悪い方向へ変わるかもしれない、という最悪の事態の想定に基づくしかない。しかし、そのことはまた、次のような抑止に関する疑問を残す。すなわち、もし過去において抑止がロシアと中国に対する米国の安全保障の礎石であったのなら、なぜ今日突然、それが機能しなくなったのだろうか。

　問題はそこで終わらない。米国は敵国の兵器庫にある少数の兵器によって容易に抑止されると仮定すれば、米国が抑止されないためには、ＮＭＤは（ほぼ）100パーセントの効果を有していなければならない。90パーセントという有効性の水準は十分ではない。仮に敵が10発の単弾道ミサイルしか保有していなくても、その１発がＮＭＤをすり抜けるとすれば（ここでは敵国は米国が保有する何千ものミサイルによって抑止されないと仮定されていることを想起せよ）、大規模な人命の喪失を恐れて米国はやはり抑止されるだろう。そのことはＮＭＤシステムに大きな重荷を負わせ、経験や統計的見地から同システムに自信を持つことは困難である。つけ加える必要はほとんどないと思うが、偶発的発射に備えてＮＭＤに依存するという目的に対しても、ほぼ同じ議論が当てはまる。

✳選択肢の疑わしさ

　ミサイル防衛の有効性をめぐる論争はむなしい。必要とされる成功率が非現実的に高くなければならないことをひとたび認めたならば、もはやミサイル防衛を支持する主張は存在しない。この意味で、ＮＭＤは技術的に実現不可能である。小さな失敗でもそれに伴う人的犠牲は非常に大きいので、ＮＭＤは、ミサイル攻撃をしても無駄だと潜在的攻撃国に思わせるというＮＭＤの目的に、役立たない。

それどころか、NMDは、より多くのミサイルの製造をそうした国々に奨励する。なぜなら、そうした国々がより多くのミサイルを保有するほど、防衛の盾を貫通する見込みのあるミサイルの総数は大きくなるからである。さらに、完全からほど遠いにもかかわらず、ミサイル防衛の経済的費用はとても高く、それは政治的に耐えられないものになってしまう。1970年代のセーフガード・システムや1980年代の戦略防衛構想（SDI）といった、かつてのミサイル防衛の試みが、巨額の費用がかかるのに、ほとんど成果を生まなかったとき、予算削減の罠につまずいたことを思い出しておこう。

※戦略的不安定

　ロシアと中国の反応からは、NMDの実施に対する応答として、両国がすでに減速している軍備管理の課題にさらにブレーキをかけることは明らかである。それどころか、両国は自国の保有核兵器の増強によって、ミサイル防衛に対する透過率を高めたいと思うだろう。

　もう1つ別のより困難な選択肢は、すでにロシアが行っているように、独自のNMD計画を推進することである。逆説的であるが、NMD反対論者は、インドとパキスタンの核をめぐる関係は不安定であると言われていることを重視する一方、NMDが南アジアへ及ぼす影響、さらには起こりうる悪影響を緩和するために何ができるかについては、ほとんど考えていない。

　現実には、インドとパキスタンの戦略的関係は今日、批評家が申し立てているほど不安定ではない。両国とも、緊張の大きさと低強度紛争の継続にもかかわらず、公然と核武装に踏み出してからほぼ

インドからの視座

２年間も核兵器を配備しないという、注目すべき自制を示してきた。それは、両国が最小限抑止のアプローチをとろうとしているからであり、また両国が軍備競争を回避する必要性を意識しているからである。インドは中国に追いつくことが必要とは思っていないし、パキスタンはインドに追いつくことが必要とは思っていない。しかしながら、ＮＭＤに対する中国の拡大主義的対応がもたらすドミノ効果によって、その安定が揺らぐかもしれない。その場合、インドとパキスタンにおける政治的均衡は、より大規模で高度の軍備を求める少数のタカ派に有利に傾くかもしれない。現状からの乖離(かいり)は、南アジアを本当に危険な場所と化すかもしれない。悲劇的なのは、その危険に誰も気づいていないように見えることである。インドではＮＭＤに関して真剣に論議されていないし、西側ではそのような論議の欠如に対する懸念が示されていない。ここに、不幸な結末が訪れる材料がある。ＮＭＤに反対する者は、この大いに見逃された問題で南アジアの人々と連動するのがよいであろう。

※より健全な選択肢

　意図的な発射の危険は、無視しうるほど小さい。国際政治において非理性的なならず者などいない。仮想的なならず者は、都市の上水道に毒物を入れたり、致死的な生物有機体を放出したりするもろもろの方法を考えるかもしれない。ある国家が危機的状況において大量破壊兵器を使用するというあまり重要でない危険は、多国間軍備管理によってよりよく最小限に抑えられる。偶発的発射のほうがもっと重大な危険である。最適の対応は軍備管理を開始することである。それは、兵器備蓄を大幅削減し、兵器の警戒態勢を解除した

上でその弾頭を分離し、その後ミサイルを保管することである。核兵器は決してなくならないと考える者もいる。これは議論のある問題である。しかし、抑止のしきいを低めることには強い支持がある。多国間軍備管理の一部として、集団的ミサイル管理の可能性を模索する何らかの努力が必要である。

これまで、NMDの批判者はインドとパキスタンに関わってこなかった。それはおそらく、ミサイル防衛問題では周辺に位置するものとして両国を扱う傾向があったからである。次のことが理解されなければならない。インドの核の歴史を再考すれば明らかになるだろうが、インドは上昇志向をもった熱心な核兵器国などではない。もしNMD反対運動が非差別的な軍備管理に結び付いているなら、インドはきっとその運動を支持する。市民社会レベルでは、そのような運動への支持はより強いであろう。成長しつつある平和運動は今日、1つの共通の傘の下で組織化され始めているが、きっとこの課題に取り組みたいと思うだろう。より幅広い戦略問題のエリートですら、これまで用心深い行動をとる傾向を示してきたし、NMDに警戒を示すであろうと思われる。

※結　論

核兵器をめぐる政治は2つのレベルで行われる。1つのレベルでは、大戦争への脅威によって慎重さと戦争回避行動がもたらされる。私が「二次的」と呼ぶもう1つのレベルでは、諸国家は現実とほとんど関係のない均衡化と策動の記号ゲームに興じる。これは、冷戦時代に核大国によって何回も人類を絶滅できるオーバーキル（過剰殺戮）能力が構築された理由である。そのようなゲームは今日も引

き続き行われている。「ミサイル防衛」をめぐる政治は、その一例である。仮にある核保有国がすでに抑止能力を有しているなら、なぜ「問題国家」に対するミサイル防衛システムを設備する必要があるだろうか。一部の人々が論じるように、（そもそも疑わしい仮説であるが）仮に敵国が抑止されないならば、敵国はより安価で困難でない他の恐ろしい破壊手段の使用を選択しうる。ある意味で、米国のミサイル防衛構想に対する中国とロシアの反応は、同様に非現実的である。それは根本的な反論に答えられない。すなわち、ミサイル防衛システムを有する国は、それが100パーセント機能するとどうして確信することができるのか。もしできないなら、（そもそも政治的に意味をなすと仮定してのことだが）その国はどうして第一攻撃（ファースト・ストライク）を仕掛ける危険を冒すのか。

　冷戦の終結の好機を逃さず、核兵器を周辺に追いやるときである。これは非差別的かつ普遍的という基盤においてのみ実現できる。私たちはしばらくの間、そうする機会を持っていた。その歴史的好機は、核兵器を想像もつかない恐怖を解き放ちかねない作戦上の道具としてではなく、しっかりと管理された政治的生き物として考え直そうとする、真剣な努力に導くものである。ミサイル防衛の根拠となっている脅威認識も、その実際的可能性も、信頼しうるものでないし、現実的ではない。NMDに伴う費用と危険は、多国間軍備管理に伴う費用と危険よりも著しく大きくなると思われる。米国が経済失速の時代に入り、グローバル化の過程に対処することに努めるようになるにつれ、米国の戦略的・経済的利益は――その同盟国や友好国も同様であるが――多国間軍備管理によるほうが、よりよく増進されるだろう。

中東における代替策

バヒフ・ナサル

エジプトにあるアラブNGO調整センター・コーディネーター。中堅国家構想及びアボリッション2000グローバル評議会のメンバー。エジプト。

　核保有国による核兵器と弾道ミサイルの軍縮は、非常に大きな重要性を持つが、弾道ミサイル・ゼロの体制の実現に向けて、ミサイル凍結、事前通知、ミサイル削減、第一不使用（ノー・ファースト・ユース）、弾頭の取り外しなど、いくつかの中間的措置が講じられなければならない。

　非核保有国に関しては、拡散防止を保証するための他の措置が講じられなければならず、今日これにはミサイル分野も含まれなければならない。非大量破壊兵器地帯が設立されるとき、それは弾道ミサイルを含む大量破壊兵器の運搬手段も存在しない地帯でなければならない。この地帯に属する国々があらゆる大量破壊兵器の禁止を保証する検証体制を承認するのなら、運搬手段の廃棄を保証する別の検証体制が付け加えられなければならず、その体制は法的拘束力のある、核保有国による非核保有国の安全の保証を伴わなければならない。また、大量破壊兵器のために生産された弾道ミサイルその他の運搬システムの不使用や、核保有国によって非核保有国に配備

中東における代替策

された核兵器とその運搬手段の撤去といった保証を含まねばならず、非核保有国に寄港する海軍部隊は、大量破壊兵器とミサイルを含む運搬システムを搭載してはならない。

　こうした平和的かつ政治的な拡散防止の措置は、「弾道ミサイル・ゼロ」へ至る他の軍縮措置といっしょの１つのパッケージに入るだろう。しかしながら、ミサイル防衛システムの製造、配備に対する米国の主張や正当化理由をすべて取り除くためには、大量破壊兵器と（弾道ミサイルだけでなく）すべての運搬手段を除去することが必要である。このアプローチはまた、発展途上にある非核保有国の利益にもなることである。そうした国々は、政治・社会・経済開発及び人間開発を進め、差し迫った悲惨な環境問題から自国民を救うために、びた一文たりとも無駄にできないからである。

※弾道ミサイル防衛配備の代替策

　ブッシュ政権の好むＴＭＤ、ＮＭＤ、あるいは全世界的及び運搬可能な防衛システムの配備を阻止するためには、さまざまな拡散防止措置の中でも、２つの主な代替策が役に立つと思われる。

　問題への純粋に政治的な解決策が、とりうる選択肢の１つである。南北朝鮮の指導者の首脳会談は１つの好例である。両国の緊密な関係が継続し、諸分野で建設的な進展が見られれば、北朝鮮を「問題国家」とする米国の主張は無効になる。米国が「問題国家」と主張するリビアのような他の国についても、同じように考えることができる。こうした国家を米国のミサイルと対ミサイル・システムによって脅すことを正当化する理由には根拠がない。換言すれば、さまざまな地域において米国の覇権主義的なやり方に反対する国々が、正

しく賢明な政策を追求すれば、NMDやTMDの配備に関する米国や同盟国の計画を挫くことに貢献できるだろう。少なくとも、そうすることによって、計画の攻撃的な性格を暴き、米国とその政策を孤立させ、いつかそうした政策を打ち砕くだろう。

　第二の選択肢は、「問題国家」が位置する地域を大量破壊兵器とその運搬手段の存在しない地帯に変えるために、平和勢力が努力を貫くことである。このような目標の達成は、いつも米国によって安全に対する脅威の源泉とされてきた中東及び東アジア地域の人々の切迫した要求に応えるだけでなく、NMD・TMDシステムを配備しようという米国とその地域の同盟国の計画に強烈な打撃を与えるだろう。いわゆる「問題国家」が存在する地域において大量破壊兵器とその運搬手段のない地帯を設立することは、「問題国家」の脅威を防ぐ手段であると米国が主張するNMD・TMDシステムの配備に代わる方策の提案である。また、この方策は、米国や他の大小の諸国家が弾道ミサイル防衛システムの配備の後に起こる新たな軍備競争の波に、何千億ドルも浪費することを防止するだろう。米国とその中東における同盟国（イスラエル）は「問題国家」の脅威に抗議の声をあげているが、驚くことに、先に述べた非大量破壊兵器地帯の設立を頑固に妨げているのはこれらの国々なのである。

　こうした平和的で政治的な軍縮と拡散防止に関するすべての措置は、あらゆる国と国民が人類の発展や進歩のために宇宙を平和利用する権利を排除すべきでない。宇宙の平和利用には、ロケット、人工衛星、宇宙技術の継続的開発が必要である。これらの機器や技術が軍事目的に使用されることを防止するために、効果的な検証制度を伴う国際条約が必要である。

中東における代替策

※大量破壊兵器のない中東

　1996年6月29日、当時国防軍司令官であったエジプト空軍のムハマド・エルシャハト将軍は記者会見を行い、ミサイル防衛システムを建設するためにエジプト政府が講じるさまざまな措置に言及した。彼は、イラクによって発射された弾道ミサイルの多くが米国のパトリオット・システムによって迎撃された1991年の湾岸戦争から得た教訓について語った。また、エジプトが購入、開発するミサイルとミサイル防衛システムをいくつか列挙した。もちろん、当然のことながら、イスラエルがアローや他のミサイル防衛システムを製造、配備しようとしていることが彼の念頭にあった。また、イスラエルのアロー・システムに関するアハマド・アブデルハリム将軍の報告を含め、ミサイル防衛システムに関するもろもろの報告が発表された。明らかにエジプトは、イスラエルがその核抑止力と脅威を強化するために配備する弾道ミサイル防衛を非常に懸念してきた。結果として、軍備競争が始まった。それはさらにエスカレートするだろう。なぜなら、ミサイルと対ミサイル・システムを使った米・イスラエル共同軍事演習が、2001年2月19日にイスラエルのナカブ砂漠で行われたからである。

　エジプトと他のアラブ諸国は、経済と人間の開発を進め、後進性のなごりを完全に取り除くことに自国の財政的資源をすべて割り当てなければならない。平和はそうした国々の戦略的選択であり、イスラエルを含むすべての中東諸国の平等な安全保障が、その目標でなければならない。この目標のために、エジプトは1999年、イスラエルが保有するすべての核兵器と他の国々が取得した他の大量破壊

兵器が存在しない地帯へと中東を転換することを呼びかけた。イスラエルが米国の支援を得て、アロー及びパトリオット対ミサイル・システムの配備に成功した今、目標はすべての大量破壊兵器と弾道ミサイルを含む運搬手段を中東からなくすことである。この目標の達成は、すべての中東諸国の平等な安全保障の基礎となり、同時に米国の弾道ミサイル計画を阻止するために大いに貢献しよう。

　それぞれの地域には考慮されなければならない特有の性質や事情がある。中東の事情は、東北アジアの事情とは違うし、中東も東北アジアもヨーロッパの事情とは異なる。中東はすでに非核兵器地帯が設立された他の地域とは違う。既存の非核地帯では、地域すべてにおいてすでに核兵器は存在しなかったが、中東の一国であるイスラエルは、かなりの保有核兵器とミサイル防衛システムをすでに取得している。イスラエルの兵器によって狙われている死の脅威に対抗するため、この地域の他の国は、化学兵器または生物兵器とその運搬手段を取得しようとするかもしれない。これが、米国政府が名指しする「問題国家」が、北朝鮮以外はすべて、中東地域に位置してきた理由である。それ故に、中東非大量破壊兵器地帯の設立は、米国の弾道ミサイル防衛システムの配備を阻止しようとする運動にとって特別に重要な意味をもっている。

　イスラエルの核兵器とその運搬手段に関しても、中東の他の国によって保有されているかもしれない大量破壊兵器に関しても、まったく透明性が欠如している。完全な透明性を保証するために、イスラエルはＮＰＴに加盟し、国際原子力機関（ＩＡＥＡ）の検証・査察体制の下に自国のあらゆる原子力活動を置かなければならない。同地域のすべての国は、化学兵器禁止条約と生物兵器禁止に関する

諸協定に従って行動すべきであり、すべての運搬手段は登録されなければならない。これらは、軍縮と拡散防止に関する措置の履行を開始するための予備的かつ必要な方策である。

※目の不自由な抑止

　学術研究においては、かつての米ソ両国の対決から引き出された伝統的な核抑止の概念が、常に核抑止の唯一の概念として示されてきた。しかしながら、このような抑止は中東にはまったく存在しない。伝統的な抑止が機能する上で必要な、透明性も正確な計算や評価の手段も利用できないのである。中東にあるのは、「目の不自由な抑止」である。なぜなら、あらゆる大量破壊兵器は地下室に隠されているからである。結果として、目が見えないまま関係国は相手に脅威を与えるしかない。こうした状況においては、実戦配備された大量破壊兵器が実際に使用される可能性が非常に高い。さらに、抑止力には、レーザー抑止力、弾道ミサイル抑止力、そしてコンピューターと通信システムを不安定化し、電波妨害を行う能力を開発することによる抑止力といった、さまざまな形態の抑止力があるであろう。パレスチナとイスラエルは、すでに互いの通信システムを電波妨害している。

　弾道ミサイル防衛システムは、敵のミサイルを叩く迎撃体が利用できる時間が非常に短いために、アラブ・イスラエル国境近辺から発射される短距離ミサイルを迎撃することはできないだろう。レーザー光線を使用する指向性エネルギー・システムのみが、こうした短距離ロケットを探知、追跡し、破壊することができる。現在、米宇宙ミサイル防衛司令部とイスラエルの国防省は、連続的に速射さ

れたカチューシャ・ロケットを破壊するレーザー技術に関して実験を行っている。中東に非大量破壊兵器地帯が設立されたならば、レーザーを用いた防衛・攻撃システムも、爆発物を運搬するために生産された短距離ミサイルと同時に廃棄されなければならない。

　イスラエルにパトリオット及びアロー・システムが配備されたのに加えて、米国は湾岸諸国にもミサイル防衛の開発を奨励している。エジプトの週刊誌『ロセ・エル・ユシフ（Rose El Yousif）』（3794号）によれば、米国務長官コリン・パウエルは、アラブ諸国を訪問中、ミサイル防衛システム網の構築を提案した。石油資源を守るため、費用は同地域の諸国によってまかなわれ、それは数十億ドルを超えるだろう。同地域の他の国々の間で軍備競争が続いて起こることに疑いの余地はない。加えて、米国とイスラエルが両国のシステムを中東に導入すれば、それらの国々はすべて、レーザー技術を開発するだろう。こうした兵器の大部分は米国から購入されるだろう。米国はイスラエルや友好的なアラブ諸国に地上配備システムの配備を奨励する努力をしているが、その主たる目的は、中東における米国の投資と利益を守るために、移動可能な海上配備や地上配備のミサイル防衛システムに対する支持を追求することである点に、注目すべきである。同じような事態の進展は、いつか他の地域でも起こるだろう。

※五つの検証体制

　したがって、中東におけるさまざまな拡散防止と軍縮に関する措置は五つの検証体制を伴わなければならない。

・核兵器・ゼロ

- 化学兵器・ゼロ
- 生物兵器・ゼロ
- 大量破壊兵器のための弾道ミサイルや他の運搬手段・ゼロ
- レーザー・システム・ゼロ

　これらの体制はすべて、１つの地域規模の包括的システムに統合されるかもしれない。この地域制度は、ＳＴＡＲＴ過程に関して米国とロシアが行ったように、地域の諸国家が自ら検証・査察作業を行うことを容認するものになる。地域体制は、ＩＡＥＡの検証体制と組み合わされることが望ましい。

　弾道ミサイル防衛の配備と宇宙の兵器化（宇宙への兵器配備をしばしば「宇宙の兵器化」と言う――訳者註）は、すべての人々に平等な人間の安全保障を実現しようとする努力を妨げ、諸国家の関係を不安定にする障害物である。通常兵器、レーザー兵器、あるいは核兵器の能力を有する盾の背後で互いに向き合っている人間社会は、21世紀の野蛮な世界における、恐怖に満ちた、非人間的な暮らし方になるであろう。

クワジャリン環礁と新たな軍備競争

ニック・マクレラン

フィジーのスバにある太平洋問題資料センター（PCRC）の啓発資料開発を担当。同センターは、非核独立太平洋運動（NFIP）の事務局でもある。オーストラリア出身。

　1940年代、マーシャル諸島民は、米国による一連の核実験のためにビキニ及びエニウェトク環礁の住まいから退去させられた。米国が大気圏内で原水爆実験を行ったとき、島民は「人類の福利のため、あらゆる世界戦争を終わらせるために」移住するよう頼まれた。今日、マーシャル諸島民は、1946年から1958年の間に67回行われた米国の核実験から生じた放射能の遺産と共に生活している。

　核のない太平洋が広く望まれているにもかかわらず、太平洋諸島はいまだ核軍備のための実験場として利用されている。1999年10月、米国は太平洋中部のミクロネシア諸島に位置するマーシャル諸島共和国のクワジャリン環礁からミサイル防衛システムの実験を行った。カリフォルニア州で発射されたミサイルから射出された１発の模擬核弾頭は、クワジャリン環礁から発射された迎撃ミサイルによって空中で撃墜された。つづいて2000年１月と７月に行われた２度の実験では、標的に当たらなかった。こうした実験はNMDシステムを開発するための実験シリーズの一部である。

クワジャリン環礁と新たな軍備競争

2000年9月1日、当時の米大統領ビル・クリントンは、NMDシステムの配備を延期した。しかし、この決定はクワジャリン環礁でのミサイル実験の終結を意味していない。ペンタゴン（米国防総省）はクワジャリンであと16回のNMD実験を続行するつもりであり、各実験に1億ドルがかかるであろう。本章は、現在のNMD計画がマーシャル諸島共和国及び太平洋の人々にいかなる影響を及ぼすかを詳しく述べる。

※クワジャリン環礁のミサイル実験場

TMD及びNMDの主要な実験場となっているのは、マーシャル諸島共和国に位置する米陸軍クワジャリン環礁／クワジャリン・ミサイル試験場（USAKA／KMR）である。数十年間、クワジャリン環礁のラグーン（環礁の中の海、礁湖——訳者註）は、カリフォルニア州のバンデンバーグ空軍基地から発射される実験ミサイルの着弾地点であった（図1、28ページ参照）。

クワジャリン環礁は2300平方キロメートルのラグーン（世界最大のラグーン）を囲んだ100ほどの島からなる。1964年以降、米陸軍の管理の下で、USAKA／KMRの借地権は同環礁の11の島々に及んできた。クワジャリン基地は、レーダー追跡、情報収集、ミサイル発射施設を含む40億ドル相当の複合施設である。米国の予算文書にはクワジャリンが果たす多くの役割が要約されている。

- 国防総省ミサイル・システムの実験及び評価
- NASAの科学・宇宙計画
- 弾道ミサイル防衛局（現在のミサイル防衛庁——訳者註）の展示実験や確認実験

- 米空軍のICBM開発及び作戦実験
- 米宇宙監視ネットワーク
- ALTAIRレーダー（世界で3つしかない深宇宙追跡能力を有するレーダーの1つ）

　1970年代から80年代にかけて、マーシャル諸島民は、米国が彼らの土地の喪失と自然環境の破壊に対する補償を行わないことに抗議して、クワジャリン環礁の島々を占拠するために帆走抗議運動を行った。1982年の「帰郷作戦」は4か月間継続し、クワジャリンの土地所有者は彼らが住んでいた島々へ帰る権利を要求した。今日、クワジャリン環礁開発局（KADA）と土地所有者に支払われる借地賃料は、毎年1300万ドルに及んでいる。

　クワジャリンで雇用されている1277人のマーシャル諸島民のうち、1060人以上はレイセオン・コーポレーションが経営するレンジ・システムズ・エンジニアリングとインテグレイテッド・レンジ・エンジニアリングで働いている。150人以上の女性がクワジャリン島にいる米国人員の家政婦として働いており、エベイェ島から毎日やって来て、夜に帰宅するという生活を送っている。かつて「太平洋のスラム」と呼ばれたエベイェには、貧弱な住宅と公共医療サービスしかなく、100エーカー（405,000㎡）以下の土地に12,000以上の人々が生活している。

　冷戦の終結によっても、クワジャリン環礁が新しいミサイルの実験開発の中心であり続けているのは、ある官吏の次のような議会証言から明らかである。

　「ある国防総省評価書によれば、USAKA／KMRは"国家資産"──現在、長距離ミサイルのフルスケールの実験に適した場所

を持つ世界で唯一の施設である。また、その評価書は、クワジャリンが情報収集のために独特の位置を占めており、我々の宇宙計画に重要な支援を与えていると結論づけている。我々は、時間をかけて、この施設に40億ドル以上を投資してきたし、移転は費用がかかり、困難な提案であろう。我々のクワジャリン基地の借地権は2001年に満了するが、我々が更新を望んだ場合、マーシャル諸島共和国と我々の協定はさらに15年の自動更新権を規定している。」(スタンレイ・ロス東アジア太平洋問題担当・国務次官補、『マーシャル・アイランズ・ジャーナル』1998年10月16日)

　米陸軍宇宙ミサイル防衛部隊司令官ジョン・コステロ中将は、クワジャリンを「王冠の宝石」と呼んでいる。コステロは、TMD及びNMDのためにクワジャリンが将来、より重要になると見ているのである。「クワジャリンは、ミサイル防衛システムの成功または失敗を測るためのあらゆる能力が存在する特別の場所である。精密な実験を行える世界で唯一の場所がクワジャリンなのだ。」

※クワジャリンと弾道ミサイル防衛実験

　1999年10月1日、米国は試作型NMDシステムの実験を初めて行った。改良されたミニットマン弾道ミサイルがカリフォルニア州のバンデンバーグ空軍基地から発射され、太平洋上を飛行している時に、1発の模擬核弾頭と1発のおとりを射出した。そして、もう1つ別のミサイルが、4300マイル(約6900km)離れたクワジャリン環礁から発射され、大気圏外体当たり弾頭(EKV)によって太平洋上空140マイル(約220km)のところで模擬標的は迎撃、破壊された。

　しかしながら、2000年1月と7月に行われた実験シリーズの第2

回目と第3回目の実験は成功せず、向かってくる標的に命中できなかった。これらの失敗は重大な後退であり、何千万ドルものハイテク支援システムを要したにもかかわらず、迎撃ミサイルが標的を逃したことを意味している。クワジャリンの実験は非常に管理された状況で行われており、批判者はストレスの多い戦闘状況におけるシステムの信頼性に疑念を抱いている。この高価な実験計画の主な受益者は、米国の航空宇宙・防衛企業である。レイセオン・コーポレーション（クワジャリン・ミサイル発射場の主要な契約企業）は今日、撃墜迎撃体を製造している。

　太平洋諸島の米軍基地もまた、TMD開発に利用されている。米陸軍がTMDに中心的に関わっているが、最近、米海軍も活動を活発化させている。海軍はハワイに新たなミサイル防衛作戦のための部署を創設したが、これは海上配備ミサイル防衛システムの実験・配備の指揮を執ることになるだろう。日本を母港とするイージス駆逐艦に装備された海上配備システムは、北朝鮮または中国の100マイル（約160km）沖に配置され、ブースト段階のミサイルを迎撃しうる。

　米海軍は、ハワイのカウアイ島の西端にあるパーキング・サンズの太平洋ミサイル試験場施設（PMRF）で短距離ミサイル実験を行っている。1999年12月、駆逐艦USSケーンは、TMD計画の一部として2発のミサイルをPMRFに向けて実験発射した。これは新しいロケットの最初の海上発射であった。米国は、そのTMD計画を支援するために、ターン島、ジョンストン環礁、ハワイのニアウ、そして既存のカウアイPMRFにおいて、発射及び計測場を開発するための環境上の認可を求めている。

NMD実験と同様に、クワジャリン環礁はTMD計画のためにも使用されている。TMD作戦の一部として、ハワイのバーキング・サンズからは中距離ミサイルが、ウェーク島からは短距離戦術ミサイルが、クワジャリン礁湖に向けて発射されている。1990年代半ばから、米国はクワジャリン・ラグーンを狙った短距離ミサイルの発射場としてアウルのビキエン島を使用してきた。例えば、クワジャリン環礁のメック島から発射されたパトリオット・ミサイルが、1997年2月と3月にアウル環礁から発射された2発のスカッド・ミサイルを撃墜した。また、クワジャリンは、戦域高高度地域防衛（THAAD）の実験において、ウェーク島から発射されたミサイルを追跡するレーダー・システムの実験に使用されている。国防総省の複数の官吏は、THAADシステムが実戦配備される前に、クワジャリンでさらにTHAAD実験を行うことを求めている。

※マーシャル諸島共和国への影響

　米国はクワジャリン・ミサイル発射場を使用する権利をあと15年間は保証されている。しかしながら、マーシャル諸島共和国との関係は、現在行われている両国間の協定をめぐる交渉のせいで、暗い影を投げかけられている。

　マーシャル諸島共和国（RMI）とミクロネシア連邦（FSM）が1986年に米国と自由連合協定を批准した後、国連の太平洋諸島信託統治領は、1990年に国連安保理事会によって公式に終止符を打たれた。RMIとFSMの15年間の協定は2001年まで継続する。この協定の下で米国政府は、第三国への接近を拒否する権利と引き換えに、RMI、FSM、パラウ（ベラウ）の防衛に責任を負っている。

これはもともと、ソ連を対象とした戦略的拒否政策であった。

　1999年10月、マーシャル諸島と米国は自由連合協定の再交渉を開始した。1999年11月の選挙の結果、ケサイ・ノーテ大統領に率いられた新しいマーシャル諸島政府が発足すると、2000年9月、新政府は議会に請願を提出し、エニウェトク及びビキニ環礁で行われた67回の米国の核実験が健康と自然環境に及ぼした影響に対する補償を上乗せすることを求めた。米国がＮＭＤ実験には何千万ドルも浪費するのに、1946年から1958年の間に行われた大気圏核実験によって放射能汚染を受けた人々に対する補償を拒否することを、太平洋の諸国民は恐れている。

　財政運営及び経済援助に関する協定交渉の根底にある安全保障・防衛問題について、米国の国防総省の高官は次のように述べている。「交渉における最優先の防衛上の関心は、クワジャリン・ミサイル試験場とクワジャリン環礁の諸施設の継続使用である。我々のミサイル防衛及び宇宙監視計画上の必要性のみならず、クワジャリンの地理的位置の特殊性、基盤施設への投資、現実の条約上の制約も加わって、このことは最優先課題になっている。」（カート・キャンベル・アジア太平洋地域担当・国防次官補代理、『マーシャル・アイランズ・ジャーナル』1998年10月16日）

　米国はクワジャリン借地権を2001年に満了した後も15年間延長することを発表した。しかし、マーシャル諸島政府は、同政府とクワジャリンの土地所有者に対する借地賃料の増額を求めている。クワジャリンをめぐるＲＭＩと米国の交渉は、エベイェ島（KMR主司令部のあるクワジャリン島の隣に位置する）に住むコリドール（回廊）地帯出身の人々の問題を含んでいる。1960年代初期、環礁中のコリ

ドール地帯をクワジャリンのミサイルの通過路にするため、コリドール地帯の諸島から200人ほどの人々が退去させられ、エベイェ島へ移住させられた。今日、20,000人のコリドール地帯出身の人々がいるが、彼らのための住居は拡大しておらず、より良い教育、職業訓練、そして優先的雇用（「機会均等」雇用者としてＵＳＡＫＡはこれを拒否している）への要求がある。

　1999年10月10日に米上院がＣＴＢＴを拒否したことは、米国の政治家が、その条約に具体化された国際枠組みに終止符を打つことによって、米国の保有核兵器の削減ではなく、増大を求めていることをはっきりと示した。米国がミサイル防衛に費やす資金は、他の国々に自国のミサイル能力や対抗措置の改良を促すものであり、軍備競争を深め、世界規模で安全を低下させることになろう。

　太平洋の人々は、国際安全保障を高める最良の方法として、クワジャリン環礁でのミサイル実験の終結と核兵器の廃絶を求めている。米国の活動家は、非核独立太平洋を求める彼らの要求を支持すべきである。

果たすべきカナダの役割は大きい

ダグラス・ロウチ

カナダ上院議員。元カナダ国連軍縮大使。
NGO「中堅国家構想」議長。カナダ。

　カナダは新たな核軍備競争を望んでいるのだろうか。軍縮と拡散防止に関する諸条約からなる注意深く構築された構造が崩壊するのを望んでいるのだろうか。また、NATOの結束が崩れるのを望んでいるのだろうか。もちろん、こうした問いに対する答えが「ノー」であることははっきりしている。しかし、米国によるNMDの開発・配備は、そうした不幸な結果をもたらすだろう。

　カナダはあらゆる外交・政治力を行使し、NMDを先へ進めないよう米国政府を説得しなければならない。このような考えを表明するのはカナダだけではないだろう。というのも、核軍縮や法律の専門家やNGOはもちろん、ロシア、中国と共に、多くのNATO同盟国はNMDを阻止しようとしているからである。

　このNMDシステムは、初期段階で600億ドルがかかると予想されているが、ICBMによる小規模の攻撃に対する防衛手段を全米50州に提供することを意図しているものである。

※ＡＢＭ条約とＮＭＤ

　ミサイル防衛の早急な配備を支持する主な議論は、北朝鮮のような米国に敵対的な新興ミサイル諸国は間もなくＩＣＢＭを取得するかもしれないし、それによって米国領域を攻撃するかもしれない、というものである。提案されているＮＭＤシステムは、最初は１か所だが、最終的には２か所に配備され、地上配備レーダーと宇宙配備赤外線センサーからなる広範なネットワークによって支えられた地上配備の迎撃体を使用するだろう。このシステムは見事なまでに進歩した技術を使用する。1972年に米国と旧ソ連によって署名されたＡＢＭ条約は、まさにこのようなシステムの配備を阻止することを意図していた。ＡＢＭ条約は、そうした防衛を打ち破るために攻撃兵器が増強されるのを防止することを目的とし、防衛システムの開発を許さないことによって、核超大国間の安定と信頼を確立するために構築されたのである。米国はＮＭＤがＡＢＭ条約に抵触することをすでに認めており、同条約を修正するか、完全に廃棄するようロシアに圧力をかけている（2002年６月、ＡＢＭ条約は米ロにより廃棄された――訳者註）。

　ＡＢＭ条約は国際的安定と安全保障の基礎として広く認知されている。2000年10月に欧州連合（ＥＵ）議長としてフランス大統領ジャック・シラクが話した次のような発言を考慮しなければならない。「ＥＵとロシアは同じ意見を持っている。我々はいかなるＡＢＭ条約の修正も非難し、そのような修正は、将来非常に危険となる拡散の危険を誘発するものであると考えている。」（米英安全保障評議会［ＢＡＳＩＣ］ウェブサイト：<http://www.basicint.org> より引用）

現在進行中のＡＢＭ条約修正をめぐる米ロ交渉に関する文書が、数か月前に『ニューヨーク・タイムズ』紙に掲載された。その文書は、米国が貯蔵する核兵器の主要部分を保持するだけでなく、実際には、ロシアがＮＭＤを常に貫通することができ、ＮＭＤを恐れる必要がないことが分かるように、ロシアも同じように核兵器を保持するよう奨励していることを示している。

✹核不拡散条約の義務

　もしＮＭＤが進展すれば、米国は、核不拡散条約（ＮＰＴ）の法的義務を遂行していると主張しても信用されない。そのうえ、2000年のＮＰＴ再検討会議において米国を含む全187締約国は、「保有核兵器の完全廃棄を達成するという……明確な約束」を行った。この公約は、法的過程における、そしてまさに最終的な過程における、誓約を履行するための13項目の実際的措置の１つとして挿入された。ＮＰＴは、核兵器廃絶のために交渉を着実に推し進めることを締約国に義務づけている。

　国際司法裁判所（ＩＣＪ）が示した有名な1996年の勧告的意見は、締約国はそのような交渉を完結させなければならないと言明している。ＮＭＤは、軍備競争を阻止し、世界が核兵器廃絶への道をしっかりと歩むように国際社会が行ってきた30年間の努力を、真っ向から否定するものである。

　ＮＭＤに反対する者は、自分たちが何を言っているか分かっている。彼らは、法的手段に基づく協調的努力を通じてのみ私たちが安全を得られることを知っているのである。軍縮体制からの一方的な離脱は、あらゆる人々の安全を台なしにするものである。

果たすべきカナダの役割は大きい

※国際社会からの米国の孤立

　国際社会が米国の意図をめぐって大騒ぎしていると言うのは、控え目な言い方である。仰天するような驚きがある。この問題は、米国とロシアを仲間割れさせただけでなく、米国を国際社会から事実上孤立させた。米国の核パートナー（イギリスとフランス──訳者註）やもっとも強力な同盟国でさえ、核軍縮の課題に修復不可能な痛手が加えられることを懸念して、ことを進めないよう公然と米国を説得しようとしている。

　コフィ・アナン国連事務総長は、最近次のように述べた。「そのようなシステムが効果的に機能しうるかどうか広く疑われており、その配備が新たな軍備競争につながり、核軍縮・不拡散政策を後退させ、ミサイル拡散の新たな動機を生み出しうることが真剣に懸念されている。」（米英安全保障評議会［ＢＡＳＩＣ］ウェブサイト：<前出>より引用）

　2000年12月、オタワを訪れたロシア大統領プーチンは、「ＮＭＤは国際安全保障に関する既成の体制を著しく損ない」、数十年にもわたり軍備管理の進展を害すると信じる、と述べた。そのときに発表されたカナダ・ロシア共同声明の中で、両国が次の点で合意したことは興味深い。「1972年のＡＢＭ条約は戦略的安定の礎石であり、核軍縮・不拡散に関する国際的努力の重要な基盤である。両国は、ＡＢＭ条約を温存し、強化する一方、戦略攻撃兵器の広範囲にわたる削減……を希望する。」

　中国の指導者は、相当な根拠をもって、ＮＭＤ配備は一方的で絶対的な安全を求めることに等しい、という主張を行ってきた。中国

は、世界の戦略的均衡と安定に深刻な脅威を与えるので、いかなる弾道ミサイル防衛システムも決して受け入れるつもりはないと述べ、もし米国がＮＭＤを進めれば、国際核軍縮過程がつまずくことになると警告してきた。ＮＡＴＯ諸国も、慎重ではあるが深く憂慮しており、ＮＭＤの副産物が生み出す脅威を認識している。

　これほど広範囲に反対論が述べられているにもかかわらず、ブッシュ政権は米国の既定方針を進める決意を固めている。米国の官僚たちは、今や、技術的能力が立証されなくてもシステムの計画は進めると言っている。しばらくの間、米国は北朝鮮のミサイル開発計画をＮＭＤが必要とされる理由だと言っていた。今や北朝鮮の脅威は後退してしまったので、米国は将来の特定されない脅威のためにＮＭＤを開発しなければならないと言っている。つまり、カナダが新たに北朝鮮と関係を確立したことが例証するように、他の国々からの脅威は低下している。しかし、ＮＭＤの支持者は、敵は潜在していると言う。米国の納税者の支持を生み出すためには、どこかに敵の姿を描写しなければならないからである。

※真の目標は宇宙の軍事的支配

　フランシス・フィッツジェラルドは、著書『青空への脱出』の中で、ＮＭＤは「スターウォーズ」として知られた1980年代の評判の悪い戦略防衛構想（ＳＤＩ）の後継者であると指摘している。それは、実現不可能な一国的安全を求める米国のイデオロギー的な極右派によって推進されている。この集団は、米国政府をしっかり掌握しているが、その狙いは米国の軍事的な宇宙支配への道を準備することである。

NMDの口実とされるちっぽけな北朝鮮の亡霊は、本当の目的のごまかしに過ぎない。本当の目的は、宇宙兵器の開発と21世紀の宇宙志向の戦争の準備であり、あらゆる起こりうる紛争の戦域における米国の全面的な軍事的優位の確立である。これらのすべてにおいて、すでに最高を記録している軍産複合体の収益は、莫大なものになろう。

❋カナダのジレンマ

これは、カナダが置かれているジレンマである。私たちの政府は、NMDが戦略的安定に害を及ぼす結果をもたらし、新たな核軍備競争を引き起こすことを、他の多くの国々とともに明らかに懸念している。しかし、カナダはブッシュ政権に強く反対しすぎて加米関係を損なうことを恐れている。だが、1980年代後半に米国がスターウォーズ計画への参加をカナダに促したとき、当時のカナダ政府はこれを断わった。カナダが冷戦期にミサイル防衛という狂気に「ノー」と言えたのなら、私たちは冷戦後の時代にそうすることができないはずはない。

米加防衛は数十年間も相互により合わされてきた。ソ連のミサイル攻撃を警戒するために冷戦期に練り上げられた北米航空宇宙防衛司令部（NORAD）協定は、米国とカナダの構造的関係の表れである。しかしながら、NORADとNATOに関する構造的な諸協定は、NMDの基礎を含んでいるわけでは決してない。カナダはNORADに参加しているのだから、NMD関係に入ることが必要である、と主張することは危険な想定である。そうすれば、NMDが表している軍縮構造の難破に、カナダは巻き込まれてしまうだろう。

ＮＭＤという列車が駅を出発してしまったので、皆は協力しなければならない、といった米国が始めたプロパガンダ攻勢によって取り込まれないよう、私はカナダ政府に訴える。ＮＭＤ技術がまだ機能しないときに、その列車がどうして駅を出発できようか。米国は、カナダが今ＮＭＤに参加することによって、ＮＭＤが政治的に正当化されることをカナダに求めている。私たちは参加してはいけない。現在のホワイトハウスを占拠している人々のイデオロギーに基づく要求を満足させるためだけに、カナダが国際法の擁護というその原則を投げ捨ててしまったら、私たちはカナダの最良の利益を失い、カナダ国民を危険にさらすだろう。ＮＭＤに同意したカナダ政府は、平和の条件を構築するために同国が行ってきた数十年にわたる善良で堅実な努力をひっくり返してしまった、と歴史に記録されるだろう。

　カナダにとってこのジレンマの解決策は何だろうか。私たちは、13項目の実際的措置を通じて「保有核兵器の完全廃棄」を達成するとの「明確な約束」がなされたＮＰＴを支え、実施しようとする努力に精力的に参加しなければならない。核軍縮議題を進展させる際に、カナダは新アジェンダ諸国（ブラジル、エジプト、アイルランド、メキシコ、ニュージーランド、南アフリカ、スウェーデン──訳者註）と緊密に協働すべきである。この課題が履行されるにつれ、信頼性を得ようとしているＮＭＤの正当化理由は、減じていくだろう。

※国際的な法規範の堅持

　ＮＭＤの代替策は、適切な資金の裏づけをもった検証体制、軍備管理、経済的誘因、協力計画、そして輸出規制制度によって支えら

れた国際的な法規範の堅持である。2001年に米国が行う核態勢見直しは、あらゆる分野での相互に関連した攻撃及び防衛問題に関するカナダの見解を、二国間ベースで米国に示す格好の機会をカナダに与える。カナダは、その見直しが終了し、取り入れられるまで、ミサイル防衛の構築と配備に関する最終的決定を遅らせるよう米国を奨励しなければならない。

　また、カナダは、ミサイル技術の拡散を阻止するための一種の「グローバル管理システム」である、ミサイル発射に関する米ロ共同データ・センターに関するロシアの提案を支持すべきだ。

　あらゆる国々の軍事ミサイル能力を凍結し、縮小するための多国間努力は、現存のミサイル脅威、あるいは感知される新たな弾道ミサイルの脅威に取り組む上で、もっとも効果的な手段であろう。カナダは決してＮＭＤ危機において無力ではない。私たちは、世界中で核の危険を低減するために創造的に働くことができるし、そうしなければならない。

四面楚歌の構想

マイケル・ウォレス

ブリティッシュ・コロンビア大学政治学教授。カナダ。

　弾道ミサイル防衛（BMD）の構築を大急ぎで進めるようせきたてている米国の政治家、メディアの学者先生、米軍の一部集団の議論は、ほぼ例外なく、次のような観点から組み立てられている。つまり、ミサイル防衛は、（狭く、単純化した言い方では）米国領域を攻撃から守ることによって、あるいは（もっと凝った、一般的な言い方では）米国の領域、軍隊、資産を害するような危険を冒さずに、米国が世界中に軍事力を投射する能力を維持するのに役立つことによって、米国の戦略的利益を増進する、というものである。米国以外の視点が意識されるときでも、それはほとんどいつもロシア（たまに中国）の視点であり、容易に交渉によって取り除くことができるか、必要ならば軽くあしらうことができる利己主義的な誤解であると言い逃れされる。しかし現実には、事実上米国以外の全世界の国々は、程度の差はあっても、恐れと嫌悪を抱きながら、米国のBMD研究開発計画を見ている。

四面楚歌の構想

※偶発的または意図しない攻撃の危険の増大

　明白なことから始めると、ロシアと中国は、米国のBMD研究計画について、両国の国家安全保障に対する不安の心臓部に達するような深い懸念を抱いている。ロシアの場合、底なしに見える現在進行中の軍事能力の崩壊が懸念されている。ロシアは10年以内に500発以下の戦略核弾頭しか、安全かつ効果的に軍事行動に使用できなくなるかもしれず、完全な米国のBMDシステムが配備され始めるその時には、この数字はさらに小さくなりうる。多くのロシアの分析家は、20年以内にロシアの戦略能力の低下曲線が米国のBMD能力の上昇曲線と交差し、事実上米国の核攻撃を抑止するロシアの能力に終止符が打たれることを恐れている。

　ロシアは米国と戦略軍備競争を再び争い合える資源を持たないので、大規模な軍備を維持し、安全性を欠いた指揮・統制システムを備えた残存する核兵器発射台を運用することによって、米国のシステムに対抗することを選ぶかもしれない。ロシアは今まで、そのようなシステムを指揮系統から外すことに関して、おおむね米軍と協力してきた。しかし、米国がABM条約からの「離脱」をはっきりと明言すれば、この事情は変わりうる。こうして、BMDを続行することによって、衰えつつあるロシア軍による大規模な偶発的あるいは意図しない攻撃の危険が劇的に増大するにつれて、逆説的ではあるが、米国に対する核の脅威が著しく増大する結果となりうる。

　どちらかといえば、おそらく中国の方がロシアよりも米国のBMD開発を恐れている。まず、現存する中国のICBM軍備は小さく時代遅れであり（1960年代の旧ソ連の技術に基づく15以下の発射台を作

戦配備)、第一世代のBMDシステムの相手にさえならない。中国は表向きの抑止を維持するためにも、事実上米国との核軍備競争を開始せざるを得なくなろう。この方針をとることにはまったく乗り気でないと中国政府の官吏は表明している。彼らは米国との関係において協力を望んでおり、敵対することを望んでいない。彼らは戦略核軍備競争の多大な費用を避けたいと切望している。しかし、彼らは同じくらい強い決意をもって、中国に対して核の恫喝(どうかつ)を再構築しようとする米国の試みと見なされる、このBMDの実現を阻止しようとしている。

※TMDと台湾

　中国を憂慮させるのは米国の戦略BMDだけではない。米国のTMDシステムの一部、とりわけ、配備が近いと言われているいわゆる「低層」システムは、いくつかの点で、中国にとっては潜在的に不必要で不安定化をもたらしうる北東アジア問題に対する介入である。第一に、中国は、TMDシステムに関する日米協力を日本の軍国主義に力を貸すものと見なす。それは、中国の地域的な核の独占の効果を幾分損なう一方、日本の空・海軍の通常戦力の相当な質的優位を強めるからだ。

　しかし、より重要なことは、TMDシステムが中台紛争へ及ぼす潜在的影響である。最近の中国の弾道ミサイル技術及び極超音速(ハイパーソニック)ミサイル技術の発展は、優位にある台湾の空・海軍戦力に即時に対抗し、中国近隣で作戦行動を行う米軍にいくらか脅威を与えている。この状況は中国にとって、台湾が公式の独立へ向かう動きや、そうなれば必然的に起こる戦争に対する有効な抑

止力を持つという、中国側の重要な目標に合致している。したがって、もし台湾がTMDシステムを取得するか、あるいは米国と同システムを共同運用するとなれば、中国政府の観点からすると、戦争の危険は大きく増大する。

❋ヨーロッパの視点

NATOに加盟する米国の同盟国はどうだろう。彼らより強大なパートナーを公(おおやけ)に批判する無鉄砲な国は少ないけれども、NATO加盟国のほとんどは反対している。そうした国々が見るところ、彼らの安全保障に対する脅威となっているのは、ヨーロッパ国境で現在進行中の民族・宗教紛争や進行中のロシアの崩壊による危険である。BMDは前者について何も対処できないし、後者をいっそう悪化させる可能性がある。ヨーロッパの見方では、BMDはせいぜい、現実の国際問題から米国の関心をそらす高価な厄介ものにすぎない。最悪の場合、それはロシアとの不必要な対立を引き起こし、ロシアの時代遅れで非常に危険な核軍備施設の解体の速度を鈍らせるだろう。

より一般的に言えば、BMDが今後の核軍縮の進展を複雑にし続けることは明らかである。2000年9月末、ジュネーブ軍縮会議の議長職を引き継ごうとしていたカナダ政府代表は、少なくとも同委員会を何年間も機能不全にしてきた行き詰まりを打ち破ることはできる、との楽観的見方を示した。その前の2年間、同会議は作業計画に合意することすらできなかったのである。しかしながら、2000年会期の第1週目に行われた多くの中心的な国々よる演説は、会議の進展が米国のBMD政策にかかっていることをはっきりと示してい

る。したがって、もし米国がＡＢＭ条約を危うくするような行動をとれば、直ちに行き詰まりが再現するだろう。

❋発展途上国の不信と嫌悪

　最後に、世界の貧しく弱い国々や人々は、ＢＭＤをめぐる論争全体を不信と嫌悪の混じった感情で見ている。世界のもっとも豊かな国が、自国に割り当てられた国連分担金の全額支払いさえ行わず、もっとも貧しい国々への完全な債務帳消しに合意することを拒否し、繊維や砂糖のような発展途上世界の重要な産物の米国市場への完全自由化を拒否する一方で、ＢＭＤのような実証されていない挑発的な技術に巨額の資金を費やすことは、まったく理解できないことのように見える。

　これを具体的に見ると、クック諸島出身のグリーンピース活動家の見積もりによれば、2000年7月7日の失敗した実験に浪費された1億ドルは、クック諸島の全人口に対して、何十年かの間、1つの病院を建設、運営し、無償で大学教育を提供することができた。実現不可能な「要塞アメリカ」を創造しようと無駄な努力をするよりも、そのような価値のある計画に資金を使うことによって、米国の安全はよりよく実現されるに違いない。

ミサイル防衛の
ばかげた口実

ジョセフ・ロートブラット

「科学と世界の諸問題に関するパグウォッシュ会議」の創設者の1人で、名誉会長。1995年ノーベル平和賞受賞者。英国。

　たとえ100パーセント有効である見込みがなくても、米国の弾道ミサイル防衛（BMD）システムが建設されるのはおかしくないかもしれない。しかし、私の考えでは、BMDが世界をより安全にすると示唆することは間違いである。それどころか、それは世界の安全を危機にさらすだろう。

　1972年に成立したABM条約が、BMDを進めるという決定の犠牲となるのはほぼ確実である。したがって、この条約の重要性を想起することは大切である。同条約が交渉されていたとき、旧ソ連が同条約に強く反対する一方で、米国政府は支持していた。パグウォッシュ会議（正式名称は、「科学と世界の問題に関するパグウォッシュ会議」。パグウォッシュは、1957年7月に第1回会議が開催されたカナダのノバスコシア州にある漁村の名前である。なお、1995年、この論文の執筆者であるロートブラット博士とパグウォッシュ会議はノーベル平和賞を受賞した——訳者註）において、私たちは、弾道ミサイル防衛は必ずや核軍備競争を激化させる結果に終わる、ということをソ連政

府に確信させるよう、ロシアの同僚を何とか説得した。弾道ミサイル防衛は、攻撃ミサイルの数を増やすことによって役に立たなくなるし、攻撃ミサイルは防御ミサイルよりずっと安価だからである。30年たった後も、この主張はまだ有効である。

　冷戦は終結したけれども、核問題に関する思考態度は生き残っている。私たちは世界の安全をいまだ核抑止に依存しているように見える。しかし、米国がＢＭＤシステムによって守られたら、ロシアと中国は両国の抑止力を失い、核軍備を増大すること、すなわち新たな核軍備競争によって均衡を回復せざるをえなくなるだろう。もちろん、ＢＭＤは公式には、ロシアや中国ではなく、「問題国家」から自国を守ることを意図している。しかし、この口実はばかげている。弾道ミサイルによるいかなる核攻撃も、そうした国家にとって自殺行為である。仮にそのような国家、あるいはそうした国家に支援されたテロリスト集団が米国を痛めつけたいと望むなら、報復の危険がより低い、より安価な手段によって成し遂げられる。

　ともかく、「問題国家」や、公然にしろ非公然にしろ核保有国からの核の脅威に対処するための代替策は存在する。それは、強固な検証と強制の制度によって保護された、核兵器のない世界をつくることである。イギリス（米国も同様）は、核兵器の廃絶を法的に約束している。この方策を追求するうえで、そして世界平和のために、イギリスは米国政府を説得し、ＢＭＤ計画を放棄させる努力を行わなければならない。

グローバル化と新たな軍備競争

アンドルー・リヒターマン
西部諸州法律財団プログラム担当理事。USA。

ジャクリーン・カバッソ
同財団理事長。USA。

　新世紀に入ったというものの、私たちは過去からほとんど学んでいないように見える。これまで大惨事を回避してきたけれども、半世紀も核の危機が続いてきた。にもかかわらず、米国は前世紀の軍備競争を継続しているだけでなく、次の世紀に向かって新たな軍備競争を開始している。米国の兵器研究開発機関は何千発もの核兵器を近代化すると同時に、短期的な地上配備の弾道ミサイル防衛から数十年後の宇宙配備兵器に及ぶ、宇宙を通じて、あるいは宇宙から作戦行動を行う新しい兵器を開発しようと努力している。

　ハイテクによる軍事的支配を求める競争の継続は、陰謀的というよりも、むしろ構造的なもろもろの決定と活動によって駆り立てられている。そうした決定や活動は、予算の方針を維持しようとする政府官僚や、利益の保証された契約がとれる次の「おいしい」プロジェクトを狙っている企業集団やロビイストの、日常的な官僚主義的惰性の中に表現されている。しかし、ハイテク兵器を次々に設計、製造、配備する諸機関は、他の利益にも役立つので、世界でもっと

も強大な国々の才能と財産のかなり大きな部分を集めることができることもまた明らかである。そして、地球人口の1パーセントのさらにごく一部の人々に、人類史上かつてないほどの富と権力を集中させている状況の下で、米国の軍隊は、米国が原材料と市場への多国籍企業のアクセスを維持しているところに配備される見込みがもっとも高い。

※「拡散対抗政策」：核兵器の役割の拡大

ポスト冷戦時代においても、超大国の軍備は一触即発の警戒状態に置かれたままである。加えて、米国の政策における核兵器の役割はどちらかといえば拡大した。地域的な敵国や、核兵器のみならず化学・生物兵器を含む大量破壊兵器を保有する可能性のある国々に対抗する上で、核兵器は中心的役割を果たすと見られている。「拡散対抗政策」と呼ばれる政策である。統合参謀会議の核兵器政策に関する諸声明は、次のように述べている。

　「諸国が大量破壊兵器とそれに適した運搬システムを開発、取得し続けるにつれ、そのような死の危険にさらされる環境において米国が作戦行動を行う可能性は増大する。ならず者国家への大量破壊兵器の拡散に加え、拡散は非国家主体も含むまでに拡大するかもしれない……。

　核攻撃の標的となりうる敵国の戦闘部隊や施設には、大量破壊兵器とその運搬システム、地上戦闘部隊、防空施設、海軍施設、戦闘艦、非国家主体、地下施設などがある。」（米統合参謀会議「統合戦域核作戦に対する教義」ジョイントパブ3-12.1、1996年2月）

グローバル化と新たな軍備競争

　米国の核兵器研究所であるローレンス・リバモア国立研究所やロスアラモス国立研究所、サンディア国立研究所は、拡散対抗政策の役目にとって、より「有用な」兵器を提供するために保有核兵器の改良を続けている。サンディア研究所長C・ポール・ロビンソンは、CTBTに関する上院軍備委員会での証言の中で次のように述べた。

　「（国立研究所は）実験を行わずにまったく新しい概念を生み出すことはできません。しかし、以前に実験した多くの計画を、新たな軍事能力を提供するために兵器化することは可能です。

　……もし核兵器が地域紛争において他の大量破壊兵器の使用を抑止する正しい答えであることが明らかになったとしても、我々が現在配備している核兵器の爆発力はあまりに大きすぎて、報復としてはあまりにも均衡が取れていないので、信頼できる抑止力とはなりません。より低い爆発力を持つ実証済みの計画は存在しており、それは将来新たに軍事的に必要とされるものに応用できるかもしれません。そのような兵器は、このように、核実験を必要とせずに配備されうると私は考えます。」

そのような改良の1つであるB61-11落下型爆弾は、地下核実験を行わずにすでに開発され、配備されている。B61-11は、爆発力可変の地中貫通型爆弾であり、B-2ステルス爆撃機によって運搬される。

※次の軍備競争：宇宙兵器

　核兵器研究所が核兵器に対して新たな軍事能力を推進すると同時に、他の軍事的研究・契約を担う既成組織は、宇宙を通じて、あるいは宇宙から軍事行動を行う広範な兵器のためにロビー活動を懸命

に行っている。弾道ミサイル防衛は、他の核保有国の軍隊に核軍備の増強の論拠を与えるためにすでに不安定化をもたらしている。しかし、それは、21世紀の複雑で新たな軍備競争をもたらす可能性がある、より広義のミサイル兵器構想や宇宙兵器構想の一部に過ぎないのである。

　米宇宙軍（「スペース・コマンド」の訳。「パシフィック・コマンド」が太平洋軍と訳されるのと同じ。なお、2002年10月１日に米宇宙軍は米戦略軍に統合された──訳者註）は、米軍の宇宙活動を調整する責任をもつ組織であるが、グローバル化によってもたらされる諸問題とそれへの妥当な解決策について、独自のビジョンを持っている。

　　「歴史的にみると、軍隊は、軍事的にも、経済的にも、国益と投資を守るために進化してきた。海洋通商が勃興する間、国家は自国の商業利益を守り、増進するために海軍を建設した。……同様に、宇宙空間における軍事的及び商業的な国益と投資がますます重要となっており、それらを守るために宇宙部隊が登場するだろう。

　　……米国に匹敵する世界的な競争相手から挑戦を受けることは考えにくいが、米国は引き続き地域的な挑戦を受け続けるだろう。世界経済のグローバル化もまた継続し、『持つ者』と『持たざる者』の間の格差を拡大させ続けるだろう。」（米宇宙軍「ビジョン2020」、1997年）

　米軍の技術立案者の主たる懸念は、こうした「持たざる国」の一部が、化学、生物、あるいは核兵器をミサイルに搭載し、それらが世界中で「国益と投資」を守っている米遠征軍に甚大な死傷者を生み出すことである。これに対する宇宙軍の対応は、弾道ミサイル防

衛と宇宙の兵器化である。

　「宇宙システムを利用し、宇宙からの精密攻撃を計画する弾道ミサイル防衛の開発は、大量破壊兵器の世界規模の拡散に対する対抗手段を提供する」（米宇宙軍「ビジョン2020」）――と考えられているのである。

　今から数十年後には、もし宇宙兵器の擁護者が成功すれば、この「精密攻撃」能力には、宇宙配備レーザー（ＳＢＬ）から「共用飛行体（ＣＡＶ）」――「地上の標的に対してさまざまな弾薬を撃ち込むことのできる」操縦可能な再突入体――までが含まれることになるだろう。「その地上の標的には、大量破壊兵器の貯蔵庫、指揮・統制（Ｃ２）施設、海軍部隊、集結した地上部隊などが含まれる。」（米空軍宇宙部隊「戦略マスタープラン：2002会計年とそれ以後」、2000年２月９日）

　米空軍宇宙部隊の戦略マスタープランは次のように述べている。

　　「敵の軍事行動を数時間、数分、あるいはわずか数秒で制止する能力は、迅速で、グローバルな通常攻撃能力（通常兵器による攻撃能力――訳者註）を持つかどうかにかかっている。共用飛行体（ＣＡＶ）と組み合わされた宇宙作戦飛行体（ＳＯＶ）を、長期的に増やしてゆくことによって、改善された、より柔軟な通常戦力による攻撃能力を持つ戦闘部隊が提供されるだろう。さらに、宇宙配備レーザー（ＳＢＬ）のような宇宙配備された指向性エネルギー兵器システムは、革命的な制空権と、速度、距離、応答時間の面で、あらゆる地上のシステムを凌駕する地球規模の攻撃優位を米国と同盟軍に与えるだろう。宇宙や空中の標的に対して迅速に地球規模の攻撃を行うことのできる

ＳＢＬ能力は、打ち破られそうにない軍事的優位を米国に与えるだろう。ＣＡＶを運搬するＳＯＶとＳＢＬの組み合わせは、通常戦力によって迅速に地球規模で攻撃を行うあらゆる選択肢を、将来の国家最高司令部（ＮＣＡ。大統領と国防長官よりなる。欠けた場合は、その代理――訳者註）に与える。」（米空軍宇宙部隊「戦略マスタープラン：2002会計年とそれ以後」、2000年２月９日）

※誰の未来か？

　もし核兵器と宇宙支配力を唱導する人々が成功を収めたら、21世紀の始まりは、仮に記憶する者が生き残るとして、地上と宇宙における新たな軍備競争の始まりとして記憶されるだろう。私たちの未来へのビジョンが軍事的支配の終わり無き追求であることを望むのか。それとも、グローバルな経済的平等や人間と自然界の両方を持続させうる生活様式の探求を始めるために、歴史上もっとも豊かな社会としての私たちの立場を活用しようと望むのか。この決定は私たち全員にかかっている。

　核兵器を廃絶し、ハイテク軍事支配を求める継続的な競争を阻止することは、米国政府の軍事力行使のあり方や、政府とその外交・軍事政策によって利益を得ている大規模集中企業体経済との関係に大きな変化が伴わない限り、ほとんど不可能であろう。企業のグローバル化に反対する運動の拡大は、少なからず米軍によって押し付けられた国際秩序に対する広範な不満の現れである。このことは、そうした関連づけを始めるべき時が来ていることを示唆している。

ミサイル防衛よりも
ミサイル軍縮

ユルゲン・シェフラン

物理学者。ダームシュタット工科大学学際研究グループ上級研究員。拡散に反対する科学技術者国際ネットワーク（ＩＮＥＳＡＰ）の共同創設者。ドイツ。

　15年以上も前の1985年春、私はドイツ南部のミュンヘン近郊で開催された米国の戦略防衛構想（ＳＤＩ）に関する会合に参加する機会を得た。参加者の中には数人の西ドイツ政府官吏がおり、米国政府代表としてポール・ニッツェ（当時、軍備管理問題担当大統領及び国務長官特別顧問――訳者註）が衛星回線を通じて会合の一部に参加した。ニッツェへの質問のほとんどはＳＤＩが米欧関係に対して持つ意味に関するものであったが、私は次のように主張した。1983年３月の「スターウォーズ」演説の中で、米国大統領ロナルド・レーガンは、核兵器を「無力で時代遅れに」する技術的手段を開発するよう科学者に呼びかけた。私はニッツェに尋ねた。核軍縮とミサイル軍縮によってＳＤＩを時代遅れにするほうがもっと適切なのではないか、と。私はニッツェの発言を一言一句までは憶えていない。しかし、彼は、政治的に非現実的であるとしながらも、この考えにおおむね同意したのであった。

　翌年、レーガンとソ連の新しい指導者ミハイル・ゴルバチョフと

の間で開かれたレイキャビック・サミットは、大きな驚きで終わった。双方が認めたように、彼らはあらゆる弾道ミサイルの廃絶について話し合った。しかしながら、ＳＤＩをめぐる意見の不一致のために合意することはできなかった。ゴルバチョフは、ＳＤＩは軍縮過程を不安定にすると主張した。逆説的ではあるが、この出来事は、包括的軍縮は非現実的であるというニッツェの主張を裏書しているように見えた。ただし、その主な理由となっていたのはＳＤＩであった。

　レイキャビック後の数年、劇的な変化が見られた。ゴルバチョフのペレストロイカの結果として、両超大国は中距離核戦力（ＩＮＦ）全廃条約と戦略兵器削減条約（ＳＴＡＲＴⅠ、Ⅱ）において最初の軍縮措置に合意した。ベルリンの壁は崩壊し、冷戦は終わり、ソ連は崩壊した。大変な政治変動によって、ＳＤＩ計画は時代遅れになったように見え、ＳＤＩは技術的欠陥にも苦しめられていた。熱心に事態を見守る多くの人々は対決の時代は去ったと信じ、"平和の配当"を期待した。ポール・ニッツェでさえ、1992年の米科学者連盟（ＦＡＳ）会合の間、弾道ミサイル廃絶というアイディアについて真剣に議論した。

　私たちは、それ以来世界が再び変化したことを知っている。核の帝王が逆襲し、事実上、包括的な核軍縮を妨げてきた。かくて湾岸戦争の余波の中でミサイル防衛構想が復活し、国際安全保障をめぐる論議を再び支配することになるのは驚くにあたらない。ただし、技術的障害のために、核の帝王はまだ防衛の衣を身にまとっていない。核軍縮はミサイル防衛を時代遅れにする、との主張は今日でも有効である。しかし、1995年4月にニューヨークで開催されたＮＰ

T延長・再検討会議において、ほとんどの政府とＮＧＯは、核兵器は廃絶されなければならないということに合意したものの、その運搬システム、特に弾道ミサイルの軍縮に対する関心はほとんど見られなかった。

※国際的ミサイル管理が必要な理由

弾道ミサイルの国際管理と軍縮を強化することには、十分な理由がある。攻撃国は弾道ミサイルを使えば、迅速に、警告なしに、高い可能性で防衛網を破って、遠方の目標を攻撃することができる。弾道ミサイルは不安定化をもたらす役割を演じ、冷戦中に莫大な資源を浪費した。

弾道ミサイルは国力威信の象徴であり、それを保有するもっとも強い理由は、他の国々が保有するからというものである。第二次世界大戦から湾岸戦争までの紛争における弾道ミサイルの使用によって、その軍事的有用性よりも、むしろ政治的重要性が証明された。抑止と戦闘の論理においてさえ、弾道ミサイルはあいまいな兵器である。弾道ミサイルを保有することは、攻撃を抑止するよりも攻撃を招き、極端に短い警戒時間のために危機状況において大きな不安定化をもたらす。また、弾道ミサイルは軍事目標を攻撃する上で非常に効率的な手段というわけではない。そのため、人間は「青天の霹靂」の攻撃を恐れるとの前提に基づいて、弾道ミサイルは主として人口密集地域に対するテロ兵器として使用される。

射程距離が伸びるにつれ、弾道ミサイルはあまりにも高価になった。長距離ミサイルは宇宙空間を飛翔するので、宇宙戦争というパンドラの箱を開いた。核兵器と組み合わされるＩＣＢＭは、あらゆ

る兵器の中でもっとも恐ろしい兵器であり、そのために、地域的にも世界的にも、ミサイル拡散は大きな懸念を引き起こしてきた。

　（世界で最大のミサイル大国）米国でさえ小国の弾道ミサイルに脅威を感じていることは、弾道ミサイルがどの国にも安全を提供しないことを十分すぎるほど証明している。それどころか、弾道ミサイルはミサイル防衛計画の主な原因となっており、その計画自身が高価で不安定を引き起こすものである。弾道ミサイルは兵器の中でもとりわけ脅威を与える部類のものであり、それが存在しない世界は、すべての人々にとってより好ましい場所になるだろう。

　弾道ミサイルの管理が改善されなければならない理由はいくつかある。弾道ミサイルに関心が集中することで、他の運搬手段、特に巡航ミサイルと航空機の管理が無視されるべきではない。生物、化学、核兵器の主要な運搬手段に関する交渉の場を別に設けることがより好ましい。弾道ミサイル軍縮に批判的な人々は、もろもろの運搬システムの同時管理を必要としていると主張している。しかし、その主張を受け入れたからといって、弾道ミサイル軍縮の進展が保証されることはないだろう。また、その主張は、すべてはすべてに関連づけられているので、世界は複雑すぎて変えられない、ということを暗に示すことになるだろう。

　ＩＣＢＭの開発は複雑で時間のかかる仕事であり、かつＮＭＤ計画には計画されたよりも長い持間がかかると仮定すれば、攻撃ミサイルと防衛ミサイルの間の、不安定化をもたらす高価な軍備競争を防止するための時間はまだある。ＮＰＴの前文は「諸国の軍備から核兵器及びその運搬手段を除去すること」を求めているけれども、これまで弾道ミサイルは国際的な軍備管理軍縮交渉において、多く

ミサイル防衛よりもミサイル軍縮

の場合、見逃されてきた。国連軍縮問題担当事務次長ジャヤンタ・ダンパラは、2000年7月3日のロンドンの議会下院で行った演説の中でこう問いかけている。「今日、ミサイル軍縮にほとんど関心を払うことなく、公(おおやけ)の論争が、なぜ抑止と防衛の間の争いの泥沼に陥っているのだろうか。」

※ミサイル軍縮への道

これまでの努力は、ミサイル技術の主な供給国による輸出管理と、かつての超大国の二国間軍備管理・軍縮に焦点が当てられてきた。ミサイル技術管理レジーム（MTCR）は、今日28加盟国を有するが、いくらかのミサイル計画を遅らせることはできても、その根本的な欠点によって有効性は限られている。MTCRは、加盟国が限定され、強制力を持たない自発的で拘束力のない協定である。そのうえ、既存の弾道ミサイル軍備の問題には取り組まず、結果として「持つ者」と「持たざる者」の間の非対称性を無視している。

現在の管理制度を改善するために、少数の国々はMTCRの限界の中で予備的提案を行なってきた。いくつかの政府は、ミサイル防衛の代替策として、今日、より強力なミサイル拡散防止体制の可能性を検討している。ロシアは「ミサイルとミサイル技術不拡散のためのグローバル管理システム」（GCS）を提案したが、これは、ミサイル発射や宇宙ロケット発射の通知によって透明性を高め、誤解の危険を低減しようとするものである。拡散が起きないようにするために、GCSは安全保障上の誘因を与えたり、宇宙の平和利用分野における援助を提供しようとしている。もし現在のミサイル保有国が自国の保有ミサイルを持ち続けることを許されるのであれば、

純粋な拡散防止だけの体制の有効性には限界があるだろう。諸国間の非対称性に対処する方法は、あらゆる弾道ミサイルに反対する国際規範をつくる以外に道はないのである。

　2000年3月、数か国の弾道ミサイル専門家がカナダのオタワで会合を開き、より効果的な弾道ミサイル管理や国際的監視、早期警戒の多国間アプローチに関するもろもろの選択肢を探求した。このグループは、ＡＢＭ条約を擁護、拡大する必要性が大きいことを認めた。不安定性と事故を防ぐためには、警戒態勢の解除、弾道ミサイル早期警戒の改善、発射の通知、などのリスク軽減・信頼醸成措置を講じるのがよいであろう。第一不使用（ノー・ファースト・ユース）という概念は、弾道ミサイルに広げることができるであろう。ミサイル管理体制の長期的な成功のためには、北朝鮮やイランのような国々を「ならず者」扱いすることを止め、そうした国々がミサイル計画を続行する理由をよりよく理解することが重要であろう。これら両国における最近の政治的展開は、この面でいくらかプラスの方向へ向かうものであった。

　オタワ専門家グループの報告によれば、長期的目標は「非軍事化、民生用以外の弾道ミサイルの廃棄、核兵器の廃絶」を含む。弾道ミサイル廃棄のモデルの1つは、1992年にＦＡＳによって練り上げられ、討議された弾道ミサイル・ゼロ（ＺＢＭ）体制である。そのような体制は、1つの条約による攻撃的弾道ミサイルの完全廃絶を目標とし、各国の一方的宣言と地域的及び地球規模の多国間協定を組み合わせたものである。また、ＺＢＭ案は、米ロ二国間の削減、非弾道ミサイル地帯、ミサイル国際会議、国際弾道ミサイル軍縮機関の創設、そして最後に弾道ミサイル能力ゼロに至るまでの諸計画に

関する協定といった、段階的アプローチを提案している。

　適切な検証を保証するために、検証の技術的手段（センサー、情報収集など）は、ロケットの観察可能なもろもろの性質（数、大きさ、射程距離、荷重、配備方式、発射準備、飛行軌道）に焦点を合わせることになる。宇宙ロケット発射技術を弾道ミサイル目的に転用することを防止するために、協調的検証と査察、信頼醸成、データ交換が必要とされるだろう。宇宙ロケット発射台に関する保障措置制度においては、いくつかの「最重要」項目を、何らかの国際組織の監督下に置くことが考えられる。民間宇宙計画における国際協力は、国家ロケット計画への誘因を取り除き、宇宙技術のミサイル開発への使用を阻止するのに重要であろう。「宇宙における協調的安全保障」に関するキャンベラ方式の委員会（キャンベラ委員会は、核兵器廃絶の協議のためにオーストラリア政府が設置した委員会で、世界各国の17名の専門家により構成され、1996年8月に報告書を提出した——訳者註）によって、宇宙の軍事利用を低減し、宇宙の兵器化を防止する提案を練り上げることができよう。

※今こそ行動せよ——ミサイル防衛を時代遅れに

　地球規模のミサイル軍縮は長期的な展望であるが、今、行動が必要とされている。軍備競争を防止し、政治的イニシアティブのためにより多くの時間を稼ぐための最善の方法は、弾道ミサイルの開発、実験、配備のモラトリアム（一時停止）である。このようなミサイル凍結の重要な要素の一つは、弾道ミサイルの飛行実験の禁止であろう。それは、ミサイル防衛システムを含む新たなミサイルの実験を不可能にするとともに、偶発的であれ、意図的であれ、戦争が起

こる可能性を低減するものである。ミサイル実験禁止の検証は、それほど困難ではない。なぜなら、ミサイル発射は早期警戒衛星や地上や空中に配備されたレーダーによって見えるからである。地域的安全保障のイニシアティブには非対称性を克服するために、あらゆる種類の運搬システムを含むことも可能である。

　国際機関は、そのような過程を促進することができる。多国間ミサイル管理を討議し、交渉する可能性がある場は、ＭＴＣＲ加盟国会議とジュネーブ軍縮会議である。また、巡航ミサイル保有諸国の国際会議も考えられる。

　市民とＮＧＯは、核軍縮過程との関連において、ミサイル管理を促進、実施する上で重要な役割を演じることができるであろう。一般の人々の関心を高めるために、ミサイル問題やその解決策に関してもっと公開の論議が行われる必要がある。情報交換と討議のネットワークを築くことにより、専門家、市民社会、官吏がいっしょになって、ミサイル問題やその解決策についてさまざまな側面の議論を行うことになるだろう。活動には、科学者や技術者を巻き込んだ会合や会議のみならず、抗議や「市民による査察」（市民が直接に問題の機関と交渉して、疑わしい、あるいは危険な活動を査察し、結果を公表する活動。しばしば、非暴力直接行動の一形態として行われる――訳者註）も含まれる。このような活動が、いま緊急に必要とされている。新たな軍備競争が軍縮を無力で時代遅れにするより先に、軍縮によってミサイル防衛を時代遅れにするために。

宇宙を平和に

ブルース・K・ギャグノン

「宇宙の兵器と核エネルギーに反対するグローバル・ネットワーク」のコーディネーター。USA。

　私たちは天空にいかなるビジョンを抱いているのだろうか。美しい星が瞬く夜、私たちは月や星を見上げ、過ぎた年月を追憶する。そんなあなたが、月面にある軍事基地や星座のように地球を周回する新たな宇宙配備レーザー群を想像できるだろうか。新たな宇宙配備兵器システムを降ろして地球に帰ってくるスペース・シャトルの後継機、新たな軍用宇宙航空機のことを思い描けるだろうか。

※歴史の分岐点

　私たちは今、歴史の分岐点に立っている。技術が進歩するにつれて波紋のように広がり、私たちの思考、組織の仕方を刷新するよう平和運動や環境運動に挑戦を突きつけている新たな宇宙時代へと、米国が世界を導いているからである。

　1989年、私はフロリダ州のケネディ宇宙センターで１つのデモを組織した。その日の基調講演者は、アポロ号に搭乗し、月面を歩いた６番目の宇宙飛行士、エドガー・ミッチェルであった。ミッチェ

ルはスターウォーズに反対を公言し、私たちにこう語った。もし私たちが、兵器の宇宙配置をペンタゴン（米国防総省）に許し、古い人工衛星を標的にする兵器の実験を許したならば、私たちは宇宙ごみを大量に生み出し、地球からのロケットの打ち上げが不可能になる。そして、「私たちは地球に埋葬されることになる」と。

現在、毎時18,000マイル（約29,000km）のスピードで地球軌道を周回する、半インチ（約1.3cm）以上の「宇宙ごみ」が11万個存在する。それらはコロラド州のシャイアン山中にあるレーダー・スクリーンで追跡される。国際宇宙ステーション（ＩＳＳ）は、完成すれば、納税者に1000億ドル以上もの負担を課すものであるが、最近、宇宙ゴミが近くを動いていて危険なため、より高い軌道に移動させなければならなかった。スペースシャトル・チャレンジャーは、死者を出した打ち上げ失敗前の最後の飛行任務において、地球軌道を周回中に塗料の極微粒子に衝突して、そのフロントガラスにひびが入った。

私たちはかつて海、湖、そして河を、広大で際限がないと見なしていた。そこに下水と産業汚染物を注ぎ込むことが公認の政策であった。そうすることで害が生じるとは誰も想像しなかったからである。希釈化が汚染に対する解決策であった。

今日、宇宙を同じように見る人たちがいる。天空は広大で限りがないものであり、国家安全保障の名の下に何を設置しても問題がないと仮定されている。ＮＡＳＡや米エネルギー省や国防総省は、宇宙探査機や宇宙配備兵器に電力を供給するために宇宙に劇的に多量の核物質を配備しようとしているが、その計画がもたらす結末について無頓着なのである。

宇宙を平和に

　弾道ミサイル防衛システムは、「問題国家」による攻撃から私たちを守る１つの方法として米国民に売り込まれている。ＮＭＤは、米大陸を「攻撃」から守るための600億ドルの計画である。いわゆる潜在敵国の一国である北朝鮮は、条件つきで独自のミサイル実験計画を停止し、今や韓国と再統一について交渉を行っている。もう１つの「問題国家」である中国は、米国を攻撃する能力を有する核ミサイルを20発しか保有しておらず、私たちは「仕返しする」ためのミサイルを3500発以上保有している。中国政府官吏は、地球規模の宇宙兵器禁止に参加するよう米国に繰り返し求めている。米国は「問題は存在しない」と言って、そのような禁止について討議することを拒否している。

　また、ＴＭＤと呼ばれる計画もある。これは、米国の利益や前哨部隊を「守る」ため、このシステムを中東やアジアに前方配備するものである。ＴＭＤは地上の発射台、艦船、空中レーザーに兵器を配置し、米国が発射直後のブースト段階で「攻撃」しようとする弾道ミサイルを撃墜することを可能にする。

※米国の宇宙配備レーザー計画

　また、「宇宙の支配者」というロゴを持つ米宇宙軍（スペース・コマンド）は、ミサイル防衛の「後継」技術である宇宙配備レーザー（ＳＢＬ）計画の発展に懸命に努力している。宇宙軍は、「持つ者」と「持たざる者」との格差が広まりつつある世界において企業の「利益と投資」を守るため、この計画を利用する意思を表明した。宇宙軍は、企業の世界的統制を維持するために、企業が利用する軍事的手段となるであろう。

300億ドル規模の宇宙配備レーザー計画は、間もなくフロリダ州ケープカナベラル、アラバマ州ハントスビルのレッドストーン陸軍兵器庫、あるいはミシシッピー州ステニス・ミサイル実験センターで実験施設の建設を開始する。レーガン時代の文字通りのスターウォーズ計画である宇宙配備レーザー計画は、地球軌道を周回する20から30個のレーザーの一団を配備し、そのレーザーは「競争相手国」の衛星を叩き、地球上の目標を攻撃することを任務としている。これらのレーザーは、おそらく動力源として原子炉を使用するだろう。それらが地球に転落してきたら何が起こるか、想像していただきたい。
　現在、私たちは歴史の分岐点に立っており、戦争、強欲、そして環境悪化という諸悪の種を宇宙にまこうとしている。私たちは、こうした種を自分たちの傷つきやすい地球に見境もなく広くまき散らし、こんなにも耐え難い人々の苦しみや環境汚染を残してきた。そのため私は、戦争システムを今度は宇宙へと持って行こうとしていることを考えると、腹立たしくてならない。
　あらゆる宇宙計画に反対したらどうか、と私はしばしば尋ねられる。実際のところ、私はすべての宇宙計画に反対しているわけではない。ただ、私たちは畏敬と神秘の念を持って宇宙探索に取りかかるべきであると考える。私たちは、開拓しようといった尊大さではなく、天空が私たちに明らかにしてくれることに対する畏敬の念を持って、この最後のフロンティアに接近しなければならない。

✳宇宙を守る責任

　私は、しばしば、私の息子についての話をする。彼が小さいとき、

宇宙を平和に

暗くなってからも友達と遅くまで外で遊びたがった。「お前は、まだ小さくて、よく分からない。お前が成長したことを見せてくれたとき、お父さんともう一度話し合おう」と私は息子に言ったものだ。私は、このように宇宙計画を見ている。ＮＡＳＡと国防総省は、彼らがこの地球から外に出る責任を与えられるほど、優れた判断力、つまり成熟度を持っていないことを示している。

　私は地球の市民をこの惑星の親と見なしている。子供を守るのは親の責任であり、この場合、この地球上、さらにははるかなる宇宙の生命に対して相応の敬意を示さない者たちから地球を守ることが責任である。良き親ならば、子どもがけがをするのを止めるように、宇宙を戦争と莫大な利益のための新たな市場とみなす航空宇宙産業を制止するのは、私たちの責務である。

　宇宙に関する新たな意識の時代が到来している。宇宙は、ハイテク・ボーイズが新しい高価な玩具で遊ぶためのゴミ捨て場でも、射爆場でも、遊び場でもない。宇宙は、私たちの精神が高められ、夢が生まれ、育つ場所なのだ。

　国連は、「大量破壊」兵器を宇宙に置くことを禁止した1967年の宇宙条約をつくったとき、このことを認識した。この条約は、天体は全人類の地方州であると述べている。私たちは、この条約の強化を求めなければならないのであり、無効化など言語道断である。

　「宇宙の兵器と核エネルギーに反対するグローバル・ネットワーク」は、1992年から宇宙に関する新たな意識を創りだすために活動している。澄み切った夜に美しい月を見上げるとき、私たちは地球上の誰もが同じような経験をしていることを想起しなければならない。それは、あらゆる人々を結びつける象徴である。私たちは、国

防総省が月に軍事基地を置いたり、地球の軌道に兵器を置いたりできると考えることを許せない。

　私は、宇宙が他の原野と同様に守られなければならないと考える。私たちは、戦争の悪の種を天空に移すことに反対する全地球的な運動をつくり上げなければならない。私たちは、原子炉や原子力発電装置によってこれ以上宇宙を汚染してはならない。米国の宇宙兵器や月面軍事基地に関するあらゆる計画を阻止しなければならない。

※宇宙を平和に

　何か本当に恐ろしいことが実際に起こる前に、一度はそれを食い止める機会を私たちは持っているものである。私たちは、もしいま行動すれば、軍備競争が始まる前にそれを防止することができる。もし私たちが長い間ためらい、国防総省と航空宇宙産業に機会を与えてしまえば、彼らは間違いなく軍備競争を宇宙へ移し、私たちの子どもや彼らの子どもから、地球上で持続可能な生活を作り出すために必要とする資源を奪ってしまうだろう。

　私たちは、宇宙を平和に保つために私たちを手伝ってくれるよう、一般の人々に対して大声で呼びかけなければならない。私たちは、政治家に「ミサイル防衛」や宇宙配備レーザー計画を廃止するよう要求しなければならない。私たちは、宇宙が原野として守られるべきである、と主張しなければならない。

　私たちが生まれる前の何世紀もの間、祖先は集いの焚き火を囲んで座り、夜空の不思議に強く心を動かされた。私たちは、軍備競争の天空への移行を阻止することによって、彼らに敬意を払わなければならない。私たちは、宇宙を平和に保たなければならない。

ミサイル防衛メンタリティと学校

リーア・ウェルズ

セント・ボナベンチャー高校教員（カリフォルニア州ベンチュラ）。USA。

　NMDは教室における平和創造と関係がある。ひどく不釣り合いな軍事予算と教育予算や、数え切れないほどテレビで放映される戦争、美化された戦闘、政治的な泥仕合に直面するなかで、私たちは次の世代に種をまこうとしているものを刈り取っている。子どもがミクロ・レベルで真似ている暴力が、彼らがマクロ・レベルの「大人の」行為の中に見たり、経験したりするものを反映していることは驚くにあたらない。子どもが、自分たちが生きている間、世界が住み心地の良い状態、いやそれどころか利用可能な状態で存在することすら疑わしいという十分な理由を持っているとき、どうして彼らは宿題をすることを気にしたり、わざわざ授業のために読書したりしなければならないのだろうか。私たちの教室が、不可避的な崩壊傾向を示し、手におえない子どもが自分の自暴自棄的な振る舞いを正当化するのも不思議ではない。スターウォーズのような非論理的で持続できない計画の実現を追求することによって、私たちは一体いかなるお手本を子どもたちに示しているのだろうか。

極めて低賃金のなかで、栄養不良、睡眠不足の子ども、そしてエスカレートする授業日論争といったさまざまな学校問題に対処する資金も十分でない教師たちは、教育予算と軍事予算の不釣り合いとたたかっている。生徒は自分たちが適当にごまかされていると分かっていながら、力を奪われ、発言権を奪われているという感じを抱いている。とりわけ問題の根本原因があいまいで、問題が「大人」社会だけで語られるとき、彼らはそう感じる。NMDは大人の話題として告知されるが、私たちが今日追求している政策は、何よりも若い世代が今後何年も付き合ってゆかなければならないものである。若者の思慮深さと賢明さは無視され、大人は次のような2通りの仕方で彼らを軽蔑する――若者はこの複雑な問題に関して理性的な意見を出すには無知すぎると考えることによって、また対話において彼らの発言を拒絶することによって。

☀NMDメンタリティ

NMDメンタリティは、私たちの勝者側から見た歴史記述や、非暴力のような科目を設けない過ちを通して、学校教育に広くゆきわたっている。私たちがテストを行う方法でさえ暴力的である。子どもたちは、人生はわずかな定められた選択肢しかなく、その選択肢の1つを選ばなければならないゲームだと考える。私たちは、教室の中や問題解決の際に子どもが創造性を働かせることを許さないのに、生徒が首尾一貫した批判小論をまとめられないときには、信じられないとばかりに頭をかかえるのだ。

私たちは、試験に合格するよう生徒を訓練しているのだろうか。それとも、考えるように訓練しているのだろうか。私たちは、「よ

りスマートな」子どもや兵器をつくろうとして、生徒たちをミサイル・メンタリティで扱っているのだろうか。というのも、私たちは誤った仕方で若者を教育することに安心感を抱き続けられるように、ただ見栄えがよく、合格率が高くなる数字だけを望んでいるのだから。私たちは、実際にはテスト自体がどんなに不当に処理され、時代遅れで、間違って設計されていようとも、最終的に合格するまで、爆弾や子どもをテストし続けるべきであると信じているように見える。おそらく、そのシステムが失敗作であり、私たちの振る舞い方、そして生徒やNMDの成功を測る方法が、すべて誤りかもしれないと考えることは、あまりに危険なためにできないのだ。

　強力なミサイル防衛実現への米国の固執は、強き我が米国人は世界の「多数の弱き者たち」を支配下に置く権限をもっており、また我々は協力よりも脅しに価値を置いているという、見本を示している。「他人との協調性がない」。このしばしば使われる通信簿の寸評は、1人でするよりむしろ他人と共同して作業することを子どもに教える方法以上の内容をもっている。それは、私たちの軍部が推進する「力こそ正義」政策の直接的な「下方浸透」の証拠でもある。

　生徒は、多数者が勝利することをいろいろな角度から学ぶ。しかし、生徒は、反対者でさえ代表権や集団的貢献物の利用権を持つという、総意形成の過程について、いつ教えられるのだろうか。子どもは、イエスかノーか、正しいか間違っているか、黒か白か、もし間違った側に投票したら、集団的決定において権利を持たない、といった二分法をしっかりと学ぶ。いかに天空が利用されるべきかに関する他人の意見に対して、私たちが目に余るほど無関心であることをあからさまに示すことによって、私たちは地球市民の頭上にあ

る夜空で民主主義を爆破している。

　しかし、教師が、仲良く共同して作業する方法を生徒に教えることにほとんど時間を割けないことは、不思議ではない。50分授業の時間的制約という暴力と不正といった授業運営上の問題が山ほどあって、議論を行う機会はほとんどないのである。しかしながら、私たちは、生徒に対する基準や私たちの行っている投資（またはその欠如）が将来もたらす結果をいつか検証するべきである。確かに、話し合いは時間がかかるうえ、忍耐とよく聴く技能が必要であり、性急な「イエス・ノー」式の投票のほうが容易かもしれない。しかし、私たちの長期的目標とは何だろうか。私たちは、軍産複合体が国際問題を処理するように、授業問題の処理を続けようとしているのだろうか。

　✹軽くなる人の命

　本当に危機に瀕しているのは、人の命が軽くなっている問題である。若者は商品として扱われ、だんだんと思いやりの心をなくし、また、製品マーケットの最大の対象として扱われている。のろまで鈍感になった子どもたちは、30秒のサウンドバイト（テレビ画面に挿入される短い抜粋字幕など——訳者註）がなければ、ついて行けない。彼らは無視と故意の狭量さをもって扱われることを**予想**している。これは、NMDのような計画を通じて私たちが助長しているメンタリティである。そして、それは私たち大人の失敗である。**モノ**を買うために働くほうが、子どもよりのことよりも重要で、彼らの教師に電話することは非常に厄介であり（いずれにせよ、これはおそらく教師の失敗である）、仕事から楽しみを得るなんてことはできっ

こない、というメッセージを私たちは子どもに送ってきた。若者は貧しい人間関係に苦しんでいる。校内暴力はますます目に見えるものとなっているが、これは、私たち大人が許している組織的暴力を反映している。生徒は正確な歴史的過去との現実的な結びつきを持たず、その結果、より多くの民族浄化、爆撃、飢餓、そしてまん延する貧困が予想される未来に備える投資をしていない。

　私たちが国家レベルで制定する政策は、地域レベル、そして家族レベルにまで直接の影響を及ぼす。軍の増強を公約する候補者は、本当には私たちの子どもたちのことを考えてはいない。NMDの実現を目指すとき、私たちは将来の第7世代のことを思いながら決定を行っていない。それどころか私たちは、第7世代はもはや存在しないことをほとんど確実にしているのである。さらに、私たちは、傍観している現在の若い人々に、無視や世界への無礼やむだ遣いの手本を示すことによって、核による破滅の過程を促進している。多くの米国の子どもは、戦争、貧困、人口といった世界の諸問題から切り離されていると感じている。リサイクルやゴミ捨てに対する彼らの軽率な態度から、彼らが使い捨て世界に生きていると認識しているのは明らかである。

※平和創造は学習可能で必須の技能である

　核兵器や他のすべての大量破壊兵器を使用することほど、私たちの地球を汚すものはない。大人として、教師として、親として、そして市民として、私たちは、子どもが私たちの年齢になったときに世界がどうなっているかに関する対話の中で、彼らに役割を与えなければならない。この方向への一歩は、非暴力的な形の学校教育に

より多く投資することである。それは、標準テストで合格の百分位数を達成することよりも、答えを疑問視し、実際的な解決に努めることに重点を置くものである。

　私たちは、若者が自分たち自身や周囲の世界に関してもっと理解を深めることを助けなければならない。私たちは、スターウォーズの実現を目指す私たちの固執にものともせず、自分たちの世界の将来に積極的に関心を持つことが自分たちの利益になることを、若者たちに示さなければならない。私たちは、地域社会においてもっと上手く意思疎通をはかり、上手く生活しなければならない。

　平和創造は学習可能な技能であり、もし核戦争に反対するために必要な闘争を続ける若者世代を育成すべきであるとすれば、それは必須の技能である。

非脆弱性のドンキホーテ的探求

デービッド・クリーガー

　1930年代にフランス人にとってマジノ線が名案に見えたように、表面的には弾道ミサイル防衛は名案に見える。しかし、弾道ミサイル防衛は、いかに豊かで強大な国も非脆弱性(ぜいじゃく)を持たない世界において、非脆弱性を実現しようとする試みである。1930年代にフランスが獲得できなかったように、21世紀の米国も非脆弱性を手に入れることはできない。マジノ線に関してフランスは成功しなかったし、NMDに関して米国が成功するはずがない。

※高い賭け金

　賭けられているものは、ほとんどの米国人が認識しているよりも大きい。ロシアは、私たちがNMDシステムの配備に進めば、同国との軍備管理に終止符が打たれると、米国にはっきり述べている。NMDを配備するためには、米国は1972年に米国と旧ソ連の間で発効したABM条約を破るか、破棄しなければならない。この条約は、新たな攻撃的核軍備競争につながりうる防御的軍備競争を防止することを目的とするものである（2002年6月、ABM条約は米国により破棄された——訳者註）。

　過去30年間、ABM条約は米ロ二国間で行われてきた核軍備削減

努力の中核であった。しかし、ロシアは、ＡＢＭ条約が米国のＮＭＤ配備によって消滅すれば、米ロ双方が配備した戦略核弾頭の数を3000から3500発に削減することに両国が合意したＳＴＡＲＴⅡ条約から脱退するとも言っている。ロシアはまた、米国がＮＭＤの配備を開始すれば、ＣＴＢＴから脱退するとも言っている。

そのうえロシアは、ＳＴＡＲＴⅢ合意において双方で、核軍備を1500発以下にさらに削減することを提案している。これまでのところ、米国は戦略核兵器を2000から2500発までは削減する意思があると返答してきた。米国がＮＭＤの配備を開始したら、ロシアは彼らの提案を撤回するだろう。

ロシアと私たちの関係における賭け金は非常に高い。また、賭け金は中国と私たちの関係においても同じくらい高い。現在、中国は米国の領域に到達する性能のある核兵器を20発ほどしか保有していない。仮に米国が100発の迎撃ミサイルを持つＮＭＤを配備すれば、中国は米国に到達する性能のある核ミサイルを製造し、配備し続けるだろうとほのめかしている。

しかし、米国のＢＭＤシステムは役に立たない見込みが非常に高いので、そうした手段をロシアと中国が講じることを疑問に思うかもしれない。その答えは、ロシアと中国の立案者たちが、米国が計画している通りにＢＭＤが機能すると仮定せざるを得ないことにある。そうしなければ、中国の現体制の安全保障組織から、責任を全うしていないと見られるだろう。こうして、米国のＢＭＤシステムが機能してもしなくても、それはロシアと中国によって挑発的とみなされ、新たな核軍備競争につながる見込みが高いのである。

非脆弱性のドンキホーテ的探求

※非脆弱性は実現不可能な目標

　諸国が自国の安全保障を核兵器に依存し続ける限り、世界において非脆弱性を実現することはできない。米国はかつて、太平洋と大西洋という2つの大洋の保護に依存することができた。しかし、核弾頭を付けた弾道ミサイルは、大洋を安全保障とほとんど無縁にした。非脆弱性を実現するために残された唯一の可能性は、核兵器を廃絶することであり、それは米国が1968年にＮＰＴに調印したときに合意した義務である。

　この義務は2000年の第6回ＮＰＴ再検討会議において、いっそう強い言葉で再確認された。米国は、イギリス、フランス、ロシア、中国とともに、「保有核兵器の完全廃棄を達成する……明確な約束」に合意した。この誓約は、ＡＢＭ条約に違反する弾道ミサイル防衛の配備とは相容れないものである。

　米国は両天秤をかけることはできない。米国は「問題国家」に対する高価で信頼できない弾道ミサイル防衛を配備すると同時に、ロシアとの核軍縮を可能にし、中国の核軍備を米国よりも極めて小規模に抑えてきた国際的な安定構造を維持することはできないのである。近い将来に、米国は選択を強いられるだろう。

　ブッシュ政権は、どんな犠牲を払ってもミサイル防衛に進もうとしているように見える。そうすれば、ロシアも中国も核戦力の増強を進めるだろう。中国の核戦力増強は、インドとパキスタンを巻き込んだ新たな軍備競争を開始させる可能性がある。

　次のことを繰り返す必要がある。賭け金は高い。しかし、米国は合理的な選択肢を持っていないわけではない。今までのところ、米

国が懸念する小国のいずれも、核兵器、あるいは米国に到達できるミサイルを保有していない。米国は北朝鮮と交渉を続け、イランやイラクと交渉を開始し、際だった不一致の解消を試みることもできる。それぞれの場合において、米国はミサイル技術に関する国際管理を実現することと引き換えに、開発援助を提供しうる。米国にとって最大の問題は、他の国々のミサイルを管理するには米国のミサイルを管理することが必要であり、他の国々の核兵器を管理するには米国の核兵器を管理することが必要になる、ということである。

すべての国々は、ミサイル管理と核兵器廃絶の道を共に進むことを決定するか、さもなければ、各国が別々に、より危険な世界に直面することになるだろう。それは、軍備管理の中心であるＡＢＭ条約が過去の遺物となった世界である。賭けられているのは、現在の世界的安定の構造である。賭けられているのは、天空が兵器化する可能性、すなわち宇宙の新たな軍事的「高地」への転換である。米国の指導力が、世界の将来の方向を決定する上で決定的に重要になるだろう。

※安全保障上のリスクに対処する代替手段

北朝鮮、イラン、イラクその他の潜在的敵国によってもたらされる安全保障上のリスクに対処する、現実的で信頼に値する手段には以下のものが含まれる。

- 弾道ミサイル技術拡散防止に効果的なミサイル管理体制を発展させる米国の指導力。これは、核保有国が譲歩して、自国の弾道ミサイル軍備を段階的に解体することを必要とするだろう。

非脆弱性のドンキホーテ的探求

- 米国と問題国家の間の協調的協定。米国と北朝鮮の間の関係において交渉はプラスの結果をもたらしているが、この政策の「見直し」をブッシュ政権が行ったことで、両国の関係は再び冷却化している。他の「問題国家」との交渉は、懸案分野に関する話し合いをまず始めることから出発する。中立諸国、または国連による仲介が必要とされるかもしれない。
- 米国と他の核保有国は、自国の核軍備の政治的重要性を低下させる措置を講じなければならない。そのような措置には、すべての核兵器の警戒態勢の解除、第一不使用（ノー・ファースト・ユース）政策の明確な採択、外国領域及び公海からのすべての核兵器の撤去、核兵器禁止条約交渉の開始、が含まれなければならない。

　米国市民は、重要な選択に直面している。1つの道——ＮＭＤの配備——は、核の不安定と不確実性に通じている。もう1つの道は、検証可能な条件ですべての国家が核兵器を段階的に削減し、廃絶することに至る道である。第1の道は、適切に評価する実験方法すら考えられないシステムの配備のために、おそらく1000億ドル以上の支出を必要とするだろう。もう1つの道は、私たちの核実験ですでに苦しんでいる人々を助け、困っている人々に食料や教育、公的医療サービスを提供するために、私たちが自分たちの社会的資源を使うことを選択できるようにする。最初の道は、一方的で、ごう慢で、ドンキホーテ的な非脆弱性の追求と理解されるのがせいぜいだろう。もう1つの道は、私たち自身にとっても将来の世代にとっても、より安全で分別のある世界の実現の追求と見なされるかもしれない。

弾道ミサイル防衛を開発・配備する米国の計画は、恐怖に根ざしている。注目すべきことは、米国は地球上でもっとも軍事的、経済的に強大な国であるにもかかわらず、米国が他の国々に対して脅しているのと同じことを、ずっと小さな国からなされるのではないかと恐れている、ということである。もし米国が、核兵器や弾道ミサイル、その他の大量破壊兵器を廃絶する世界的努力において指導力を発揮することを固く約束するなら、米国はこれまで追求してきた限定的な弾道ミサイル防衛システムを持たずに済ますことができる。この行動方針にはリスクが伴うが、あらゆることを考慮すれば、よりリスクが小さく、より折り目正しいものであろう。これは世界各地の人々に勇気をあたえる可能性がある。それは、全人類にとってより堅実な将来をつくり上げるために、重要な資源を使える状態にすることのできる行動方針でもある。

※歴史の分水嶺

　私たちは人類史の分水嶺に立っている。穏和な響きをもった技術システムに信頼を置くことには危険が潜んでいる。弾道ミサイル防衛は、米国の軍産学複合体に対する福祉事業となってきた。しかし、単に技術的に飢えている人々よりも、ほんとうに飢えた人々に食料を与えるために行動するときである。

　米国にとって、ＡＢＭ条約を温存し、ＮＭＤを停止し、これ以上計画を進めることを断念することにより、国としての折り目正しさを改めて示すときである。それが現実になるために、米国、その友好国、同盟国の民衆は、目標が達成されるまで、意見がとどくための活動を行い、努力を持続しなければならない。

※太字は重要箇所

さくいん

【あ行】
アロー 95-96, 98
イージス艦 32-33, 104
イスラエル 60, 94-98
イラク 11, 95, 152
イラン 11, 60, 134, 152
インターセプター 26
インド 60, 79-84, 88-90
宇宙軍 126-127, 139
宇宙条約 22, 141
宇宙の兵器化 99, 127, 135
宇宙配備レーザー（ＳＢＬ）30, 127-128, **139-140**
Ｘバンド・レーダー 29, 38-39, 49
おとり 25, 27, 37-38, 49, 66, 103

【か行】
海軍戦域防衛（ＮＴＷＤ）32-33, 36, 68, **70-72**
改良型パトリオット（ＰＡＣ-３）**34-35**, 105
核態勢見直し（ＮＰＲ）11, 35, 115
核不拡散条約（ＮＰＴ）22, 78, 96, 110, 132, 151
核兵器禁止条約 153
北朝鮮 11, 32, 48, 60, 69-70, 73, 77-78, 93, 112-113, 152-153
共用飛行体（ＣＡＶ）127-128
空中配備レーザー（ＡＢＬ）30, **36-37**
迎撃ミサイル（インターセプターを参照）26-27, 32, 104
国土ミサイル防衛（ＮＭＤ）20-21, **35-39**, 43, **47-51**, 55-56, 59, 62-65, 68-70, 86-91, 100-101, 103, **108-115**, 143-147

【さ行】
巡航ミサイル 24, 34, 70, 132, 136
シラク大統領 44, 51, 109
新アジェンダ連合 114

【た行】
戦域高高度地域防衛（ＴＨＡＡＤ）35, 105
戦域ミサイル防衛（ＴＭＤ）**31-32**, 43, 56, 59, **68-72**, 104-105, 118-119, 139
戦略攻撃兵器削減条約（モスクワ条約）7, 12
戦略兵器削減条約（ＳＴＡＲＴ）50, **52-54**, 61, 71, 99, 130
戦略防衛構想（ＳＤＩ）19, 42, 88, 112, 129-130

【た行】
体当たり弾頭 29, 33, 103
第一不使用（ノー・ファースト・ユース）64, 80-81, 92, 134, 153
対弾道ミサイルシステム制限条約（ＡＢＭ条約）11, **41-42**, 50, **55-57**, **60-62**, 71, **109-110**, 121, 134, 149-152
弾道ミサイル 24-26
弾道ミサイル防衛局（ＢＭＤＯ）12, 70, 101
東北アジア非核兵器地帯 10-11, 72, 77

【な行】
日米ＴＭＤ共同技術研究 31, 68, 118
日本 10, 32-33, 68-72, 75-78, 104, 118

【は行】
パキスタン 60, 79-81, 88-90
非大量破壊兵器地帯 92, 94-96
ブッシュ 11-12, 20-21, 25, 31-32, 37, 40, 43, 79
兵器用核分裂物質生産禁止条約（ＦＭＣＴ）66, 84
包括的核実験禁止条約（ＣＴＢＴ）54, 79, 84, 107, 125
北米航空宇宙防衛司令部（ＮＯＲＡＤ）113

【ま行】
ミサイル技術管理レジーム（ＭＴＣＲ）58-59, 133, 136
ミサイル防衛庁（ＭＤＡ）12, 70, 101

155

■編者/デービッド・クリーガー
　　　　核時代平和財団・会長。米国。
　　　カラー・オン
　　　　核時代平和財団・研究員。米国。

■訳者/梅林宏道（うめばやし・ひろみち）
　　　　NPO法人ピースデポ代表。太平洋軍備撤廃運動（PCDS）国際コーディネーター。隔週刊『核兵器・核実験モニター』を責任編集。著書：『在日米軍』（岩波新書）『情報公開法でとらえた・在日米軍』『情報公開法でとらえた・沖縄の米軍』（ともに高文研）ほか。訳書：『核兵器廃絶への新しい道──中堅国家構想』『検証・核抑止論──現代の「裸の王様」』<共訳>（ともに高文研）ほか。

　　　黒崎　輝（くろさき・あきら）
　　　　明治学院大学国際平和研究所・特別所員。国際政治学専攻。

ミサイル防衛──大いなる幻想
◆東西の専門家20人が批判する
●2002年11月15日────────第1刷発行

編　者／デービッド・クリーガー／カラー・オン
訳　者／梅林宏道／黒崎　輝
発行所／株式会社　高文研
　　　　東京都千代田区猿楽町2-1-8　〒101-0064
　　　　TEL 03-3295-3415　振替00160-6-18956
　　　　http://www.koubunken.co.jp
組　版／WEB D（ウェブ・ディー）
印刷・製本／光陽印刷株式会社

ISBN4-87498-293-X　C0036

NPO法人 ピースデポ

市民の手による平和のためのシンクタンク

市民の手による平和のためのシンクタンク

会員になって、支えて下さい！

ピースデポは、「軍事力に頼らない安全保障体制」の構築をめざし、調査、研究、情報、啓発活動を行う非営利団体です。世界各国のＮＧＯ（非政府組織）と協力しながら、市民活動や平和教育をバックアップします。

主な事業として、次のような取り組みをしています。

- 情報誌『核兵器・核実験モニター』（月2回）
- 年鑑「核軍縮と非核自治体」（毎年7月刊行）
- セミナー・研究会の開催、海外ＮＧＯ行事への活動者派遣
- 非核自治体や国会議員活動のサポート

会は、趣旨に賛同する会員の会費で運営されています。ぜひ会員になって下さい。また、ボランティア（事務、資料整理、翻訳など）も募集中です。詳しくは、ホームページをご覧になるか、資料をご請求下さい。

ＮＰＯ法人 ピースデポ （代表・梅林宏道）

www.peacedepot.org

〒223-0051 横浜市港北区箕輪町 3-3-1 日吉グリューネ 102

Tel: 045-563-5101　Fax: 045-563-9907

E-mail: office@peacedepot.org

核兵器廃絶メーリングリスト

核兵器廃絶のための情報と意見の交換をするリストに参加しませんか？

登録方法： 件名空欄のまま、majordomo-j@jca.apc.org 宛てに「subscribe abolition-japan」とのみ本文に記入したメールを送ってください。